湖南草食动物标准化研究

向　静　江为民　著

湖南科学技术出版社
长沙

图书在版编目（CIP）数据

湖南草食动物标准化研究 / 向静，江为民著. — 长沙 ：湖南科学技术出版社，2023.6
ISBN 978-7-5710-2299-0

Ⅰ. ①湖… Ⅱ. ①向… ②江… Ⅲ. ①家畜－饲养管理－标准化 Ⅳ. ①S815.4-65

中国国家版本馆 CIP 数据核字(2023)第 117101 号

HUNAN CAOSHI DONGWU BIAOZHUNHUA YANJIU

湖南草食动物标准化研究

著　　者：向　静　江为民
出 版 人：潘晓山
责任编辑：张蓓羽　欧阳建文
出版发行：湖南科学技术出版社
社　　址：长沙市芙蓉中路一段 416 号泊富国际金融中心
网　　址：http://www.hnstp.com
湖南科学技术出版社天猫旗舰店网址：
http://hnkjcbs.tmall.com
邮购联系：0731-84375808
印　　刷：广东虎彩云印刷有限公司
（印装质量问题请直接与本厂联系）
厂　　址：东莞市虎门镇黄村社区厚虎路 20 号 C 幢一楼
邮　　编：523898
版　　次：2023 年 6 月第 1 版
印　　次：2023 年 6 月第 1 次印刷
开　　本：880mm×1230mm　1/32
印　　张：9.875
字　　数：237 千字
书　　号：ISBN 978-7-5710-2299-0
定　　价：58.00 元

前　言

在习近平新时代中国特色社会主义思想的指引下，经过全党全国各族人民持续奋斗，在中华大地上全面建成了小康社会，历史性地解决了绝对贫困问题，实现了第一个百年奋斗目标，我们国家正意气风发向着全面建成社会主义现代化强国的第二个百年奋斗目标迈进。

党的二十大擘画了“全面建成社会主义现代化强国”的宏伟蓝图，并作出“分两步走”的战略部署。党的二十大报告指出，要加快发展方式绿色转型，协同推进降碳、减污、扩绿、增长，推进生态优先、节约集约、绿色低碳发展。推动经济社会发展绿色化、低碳化是实现高质量发展的关键环节。加快推动产业结构、能源结构、交通运输结构等调整优化。实施全面战略，推进各类资源集约利用，加快构建废弃物循环利用体系。完善支持绿色发展的财税、金融、投资、价格政策和标准体系，发展绿色低碳产业，健全资源环境要素市场化配置体系，加快节能降碳先进技术研发和推广应用，倡导绿色消费，推动形成绿色低碳的生产方式和生活方式。

2021 年 10 月 10 日，中共中央、国务院印发了《国家标准化发展纲要》，提出要加强产业技术基础标准建设，加大基础通用标准研制应用力度，开展数据库等方面标准攻关，提升标准设计水平，制定安全可靠、国际先进的通用技术标准；筑牢绿色生产标准基础，建立健全农业投入品质量、适度规模养殖、循环型生态农业、农产品食品安全、监测预警等绿色农业发展标准。到2025年，农业标准化生产普及率稳步提升，推动高质量发展的标准体系基本建成。当前，我国正处于实现中华民族伟大复兴的关键时期，标准化已成为国家治理体系和治理能力现代化建设的基础性制度，在便利经贸往来、支撑产业发展、促进科技进步、推动现代治理、促进乡村振兴中发挥着越来越重要的作用。

以牛、羊、草食鱼类为代表的草食动物产业是畜牧水产的“朝阳产业”。从饲料来源看，草食动物以饲草作为主要食物来源，不与其他动物争豆粕、鱼粉等高蛋白饲料。从生理结构看，“牛吃的是草，挤出来的是奶”，草食动物特殊的生理结构，能将饲草转化成高品质的肉和奶，是典型的节粮型养殖，是国家大力倡导的优先发展产业。从发展趋势看，牛羊肉、奶和鱼肉因其生态、安全、健康的特性，越来越受消费者喜爱，发展潜力巨大；从产业效益看，近年来牛羊肉价格持续上涨，无论是在农民增收还是企业增效方面都产生了明显效果；从发展方向看，能够将草食动物产业发展与生态建设有机结合，使其符合生态文明的要求与方向，湖南省草食动物产业发展未来可期，大有可为。

近年来，湖南省草食动物产业在中国共产党湖南省委员会、湖南省人民政府和湖南省农业农村厅的正确领导下，取得了跨越式发展，规模化、标准化、产业化水平进一步提升，全省牛羊肉产量在全国排名靠前。但是在整体上，湖南省草食动物产业与欧美等发达国家及我国北方省份相比，在标准化养殖水平、疫病防控体系、产品精深加工、产业化开发、品牌的打造、绿色食品认证、高档肉奶产品的产量等方面还有较大的差距。

为了大力促进乡村振兴，推进畜牧渔业高质量发展和供给侧结构性改革，全面提升湖南省草食动物标准化生产水平，受湖南省市场监督管理局和湖南省农业农村厅的委托，我们开展了草食动物标准化战略研究，基于项目研究成果，撰写了《湖南草食动物标准化研究》一书。本书比较系统地介绍了湖南省草食动物标准化研究的背景及意义、湖南省草食动物产业发展及标准化现状、湖南省“草食动物”标准体系构建、湖南省主要草食动物制修订标准的建议、推进草食动物标准化的措施和建议、草食动物绿色食品标准化认证技术和主要牧草栽培技术等内容。希望本书的出版，能为从事草食动物生产、经营和管理的人员提供一定的借鉴参考，同时期望本书对湖南省畜牧水产养殖提质增效、高质量发展提供积极作用。

最后，要感谢王斌、肖林、王颂华、褚武英、孙鏖、曾一鸣、冯小花、刘海林、刘伯承、樊志坚、李昊帮、蒋桂韬、段洪峰、李建波、高帅、黄璇、张佰忠等同志为项目研究和著作出版提供了大力帮助，在此一并致谢。

由于本书编写时间仓促，加之编者水平有限，书中难免存在疏漏及错误之处，恳请广大读者批评指正。

编　者

2022 年 12 月

目 录

第一章　背景及意义

第一节　研究背景

当前，我国正处于实现中华民族伟大复兴的关键时期，标准化已成为国家治理体系和治理能力现代化建设的基础性制度，在便利经贸往来、支撑产业发展、促进科技进步、推动现代治理中发挥着越来越重要的作用。

党的二十大报告指出，要加快发展方式绿色转型。推动经济社会发展绿色化、低碳化是实现高质量发展的关键环节。加快推动产业结构、能源结构、交通运输结构等调整优化。实施全面节约战略，推进各类资源节约集约利用，加快构建废弃物循环利用体系。完善支持绿色发展的财税、金融、投资、价格政策和标准体系，发展绿色低碳产业，健全资源环境要素市场化配置体系，加快节能降碳先进技术研发和推广应用，倡导绿色消费，推动形成绿色低碳的生产和生活方式。

2021 年 10 月 10 日，中共中央、国务院印发了《国家标准化发展纲要》，提出要加强产业技术基础标准建设，加大基础通用标准研制应用力度，开展数据库等方面标准攻关，提升标准设计水平，制定安全可靠、国际先进的通用技术标准；筑牢绿色生产标准基础，建立健全农业投入品质量、适度规模养殖、循环型生态农业、农产品食品安全、监测预警等绿色农业发展标准。到2025年，农业标准化生产普及率稳步提升，推动高质量发展的标准体系基本建成。

《湖南省人民政府办公厅关于促进畜牧业高质量发展的实施意见》（湘政办发〔2021〕28号）指出，加快制订涵盖畜禽品种、饲养管理、产品加工全链条生产标准和技术规程，推进畜牧行业标准化建设，加快推进湖南省由养殖大省向养殖强省转变。2021年7月5日，湖南省市场监督管理局关于印发《湖南省"十四五"标准化工作规划》的通知指出，在农业标准化方面，要围绕全面推进乡村振兴战略和优势特色产业集群、区域公共品牌、"一县一特"、"一特一片"战略实施，大力开展农业农村标准化工作，助力农业农村现代化建设；加强优势特色农业领域基础技术标准制修订工作，逐步完善农业标准体系；重点研制肉牛、肉羊等节粮型特色畜牧业生产技术标准，创建畜禽规模化养殖、水产健康养殖等标准化示范农场、示范园区和示范企业。到2025年，全省畜牧业全产业链发展格局基本形成，特色畜禽全产业链产值达到1000亿元，畜禽养殖规模化率和畜禽粪污综合利用率分别达到70%以上和80%以上，到2030年分别达到75%以上和85%以上。

第二节　研究意义

一、大力发展草食动物产业的需要

以牛、羊、草食鱼类为代表的草食动物产业是畜牧渔业的"朝阳产业"。从饲料来源看，草食动物以饲草作为主要食物来源，不与其他动物争豆粕、鱼粉等高蛋白饲料。从生理结构看，

“牛吃的是草，挤出来的是奶”，草食动物特殊的生理结构，能将摄入的草转化成高品质的肉和奶，草食动物养殖是典型的节粮型养殖，是国家大力倡导的优先发展产业。从发展趋势看，牛羊肉、奶和鱼肉生态、安全、健康的特性，越来越受消费者喜爱，发展潜力巨大。从产业效益看，近年来牛羊肉价格持续上涨，草食动物养殖无论是对农民增收还是对企业增效都产生了明显效果。从发展方向看，能够将草食动物产业发展与生态建设有机结合，符合生态文明发展的要求与方向，湖南省草食动物产业发展未来可期，大有可为。

二、适应国家标准化工作改革的需要

当前，我国正处于实现中华民族伟大复兴的关键时期，在习近平新时代中国特色社会主义思想的指导下，坚持以人民为中心的发展思想，全面落实“三高四新”战略定位和使命任务，优化标准化治理结构，增强标准化治理效能，提升标准化国际水平，加快构建推动高质量发展的标准体系，助力高技术创新，促进高水平开放，引领高质量发展。

中共中央、国务院印发的《国家标准化发展纲要》提出，到 2025 年，农业标准化生产普及率稳步提升，推动高质量发展的标准体系基本建成。

农业标准化深度发展，新兴产业标准先导地位凸显，健康、安全、环境标准支撑有力，农业标准化生产普及率稳步提升，标准化水平大幅提升。政府颁布标准与市场自主制定标准结构更加优化，深入推动标准实施，发挥标准化示范效应，标准化的经济效益、社会效益、质量效益、生态效益充分显现。

在农业标准化方面，湖南省围绕全面推进乡村振兴战略和优势特色产业集群、区域公共品牌、“一县一特”、“一特一片”

战略实施，大力开展农业农村标准化工作，助力农业农村现代化建设；加强优势特色农业领域基础技术标准制订、修订工作，逐步完善农业标准体系；重点研制肉牛、肉羊、奶牛、草食鱼等节粮型特色畜牧渔业生产技术标准，创建畜禽规模化养殖、水产健康养殖等标准化示范场、示范园区和示范企业，提高草食动物产业标准化、规模化、现代化水平。

三、推进湖南省养殖业高质高效发展的需要

畜禽水产养殖业是关系国计民生的重要产业，肉蛋奶是百姓“菜篮子”的重要品种。草食动物养殖是畜禽水产养殖的重要组成部分，发展草食动物产业，不仅可以充分利用自然资源，合理解决养殖动物与人争粮的矛盾，而且还可取得较高的经济价值。湖南省是牛羊和内陆水产养殖大省，据《2021 年湖南农村统计年鉴》（湖南省统计局），2020 年全省牛肉、羊肉产量分别为 19.8 万 t 和 15.1 万 t；牛肉按 100 元/kg 计算，产值 198 亿元，羊肉按 140 元/kg 计算，产值 211 亿元，仅肉牛、肉羊产值就超过 400 亿元。据《全国渔业统计年鉴》，2021 年湖南省草鱼产量 65.2 万 t，比上年增加 3.44%，草鱼产量占全省养殖总产量的 24.56%，接近 1/4，草鱼价格按 20 元/kg 计算，产值超过 130 亿元。可见，草食动物和水产养殖为农民增收和乡村振兴作出了较大贡献。如何将湖南省草食动物产业由大做强，是摆在各级部门面前迫切需要解决的课题。提高标准化水平是产业兴旺和高质量发展的重要抓手。但是，实践证明，湖南省草食动物标准化水平，与国外和北方省份相比，还有较大的差距，主要表现为标准化规模养殖水平不够高、疫病防控体系不够健全、畜禽水产品精深加工不够强、饲草缺乏、组织程度低、没有完善的运行机制、农牧结合不够紧密等突出问题。

为推进草食动物标准化健康养殖，保护生态环境，提高产品数量和质量，保障肉蛋奶市场供应，推动湖南省畜禽水产养殖业可持续发展，建立科学、合理的草食动物标准体系，进一步开展湖南省草食动物标准化研究是十分必要的。

草食动物标准化研究将对湖南主要草食动物产业发展及标准化现状进行调研，查阅国家和湖南省标准文库，梳理主要草食动物相关的国际、国家、行业和地方标准体系建设情况，从湖南省主要养殖的草食动物品种、繁育、生产、加工等方面构建标准化体系，提出湖南省主要草食动物标准化的措施与建议。草食动物标准化研究对促进湖南省草食畜禽水产养殖业持续和高质量发展意义重大，是进一步贯彻落实绿色发展观、推进农业供给侧结构性改革、促进农业农村经济发展的重要举措。

四、实施乡村振兴战略产业兴旺的需要

养殖业是农业农村经济最活跃的因素之一，是农村经济发展和农民增收的主要来源，对全面实施乡村振兴战略具有举足轻重的地位。乡村振兴，产业兴旺是重点。产业兴旺首要是促进产业转型升级，而促进畜禽水产养殖业高质量发展是产业兴旺的关键步骤。草食畜禽水产养殖业是农业的重要组成部分，因此，大力扶持推进草食畜禽水产养殖业高质量发展，不仅是实现农业现代化的重要举措，也是贯彻落实乡村振兴战略的基础工作。

草食动物标准化研究是指以草食动物为对象的标准化活动，是发展现代畜牧业、现代渔业的重要基础和主要标志，其内涵是草食动物生产经营活动要以市场为导向，建立健全规范化的工艺流程和衡量标准。加强草食动物标准化建设的目的在于将畜牧、渔业的科技成果和生产实践相结合，制订相应的技术标

准和管理标准，并向企业和农民推广，以便生产出质优、量多的农产品供给市场，促使农民增收、推动乡村产业振兴、农业生态可持续发展，进而推进农业农村现代化。

第三节　研究内容

草食动物一般是指牛、羊、兔、鹅等家畜家禽养殖品种和水产养殖的草鱼和鳊鱼等。草食动物标准化研究紧紧围绕湖南省草食动物养殖产业发展需要，以国家和湖南省标准化战略实施思路为指导，立足肉牛、奶牛、山羊、兔、鹅、草食鱼类等六大特色产业，重点聚集在品种、繁殖、饲养管理、动物营养、疫病防控、产品加工等环节技术标准，系统梳理国家标准、行业标准和地方标准，提出需要继续执行的标准名录，建议废除或制订修订的标准名录，从而构建湖南省草食动物标准化体系，为推动湖南省草食动物养殖业绿色健康发展及技术标准制订和修订工作提供支撑。

第二章　湖南省草食动物产业发展及标准化现状

第一节　主要养殖草食动物品种

在湖南省内，养殖的草食动物品种除本土的地方品种外，还有从省外引进的一些优良品种，甚至包括国外的优良品种，这些品种有的用于直接养殖，有的用于改良湖南省的地方品种，通过杂交改良，显著地提高了地方品种的生产性能。现将湖南省养殖的主要草食动物品种简介如下。

一、湘西黄牛

1. 品质特性

湘西黄牛主产于湖南省湘西地区。性情温驯，耐粗饲，耐热，体型中等，发育匀称，前躯略高，肌肉发达，骨骼结实，肩峰高，头短小，额宽阔，角形不一，颈细长，颈垂大，胸部发达，背腰平直，腰臀肌肉发达，尾长而细，四肢筋腱明显，强壮有力（图 2－1）。毛色一般以黄色、褐色为主。成年公牛平均体重为 334.3 kg，母牛为 240.2 kg，屠宰率为 39%～54.4%，净肉率为 46.87%。

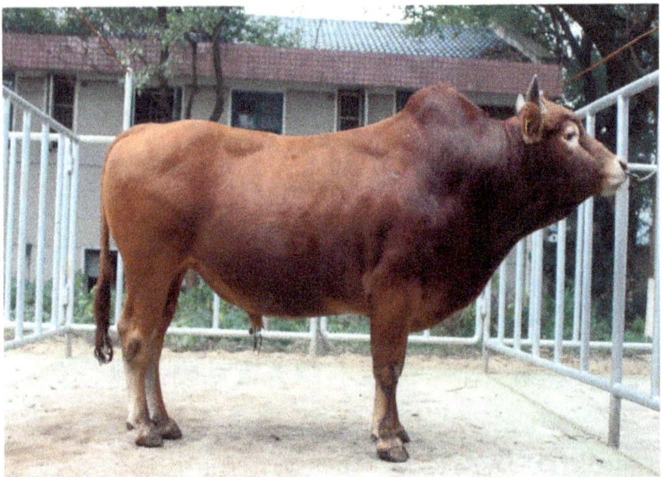

图 2-1 湘西黄牛

2. 外在感官

湘西黄牛属于中等体格的地方品种，体躯相较其他牛要短，前端高后端低。母牛头部较修长，公牛头部短而额相对较宽，眼眶稍突出，眼大而有神，部分牛的嘴四周和上眼睑有黄白色毛，俗称“粉嘴画眉”。母牛角多为玲珑角、龙门角或倒“八”字角形，而公牛角多为龙门角、倒“八”字角形。公牛睾丸显露，母牛乳房不发达。蹄质坚实，蹄以黑褐色居多。80%以上的牛全身毛色是黄色，其次是栗色和黑色，也有杂色个体，体躯上部毛色深，腹胁及四肢内侧毛色较浅。

3. 役用性能

湘西黄牛役力较强，突击力和持久性能好，善于登山爬坡，步态稳健，行动灵敏。一般在公牛 2～2.5 岁，母牛 2.5～3 岁时，开始调教耕地。湘西黄牛的役力以 6～10 岁最强。成年公牛的瞬间最大拉力平均为 243 kg（220～270 kg），成年母牛平均为 220 kg（150～240 kg），成年阉牛平均为 234 kg（190～

280 kg)。湘西黄牛的使役年限一般到 15 岁。每头役牛平均负担耕地面积为 15 亩（1 亩≈667 m^2），年劳役时间为 90～120 天。一般每日耕作 6～8 小时，抢水犁田时，耕作可长达十几小时。一般情况，湘西黄牛耕旱地比耕水板田效率稍低。过去，湘西黄牛主要是役用，随着农业机械化的普及，其役用功能逐渐退出历史舞台。目前，湘西黄牛作为一个优良的地方品种，主要用于肉用养殖和开发利用。

4. 繁殖性能

湘西黄牛公牛的性成熟期为 416～550 天，平均为 518 天；母牛的性成熟期为 379～539 天，平均为 476 天。湘西黄牛公牛的平均初配年龄为 3.25 岁，母牛的平均初配年龄为 2.5 岁。湘西黄牛母牛的发情周期为 15～28 天，平均发情周期为 21.05 天。湘西黄牛母牛发情的持续时间在 37～48 小时，公牛发情持续期平均为 42.34 小时。母牛的妊娠期为 270～296 天，平均妊娠期为 281.83 天。母牛产后第一次发情时间最早为 21 天，最迟为 155 天，平均发情时间为 79.38 天。每年的 6 月下旬至 11 月中旬，是湘西黄牛母牛发情季节最集中的时期。公牛的繁殖年限为 9～10 岁，而母牛的繁殖年限一般为 15 岁。母牛的繁殖周期控制得好，可以 6 年产 5 胎；实际生产中，一般是 3 年产 2 胎，初生犊牛的体重平均为 15.4 kg，断奶犊牛体重平均为 63.6 kg，犊牛平均成活率为 92.5%。

5. 内在品质

湘西黄牛母牛的平均体高为 109.9 cm，平均体重为 259.8 kg；湘西黄牛公牛的平均体高可达 123.7 cm，平均体重为 355.6 kg。湘西黄牛的生长发育前期生长速度较快，体重以 6～12 月龄增长较快，2 岁后增重减缓，但下降幅度比较平稳。体高的增长以初生至 6 月龄时为最快，相对增重均以初生至 6

月龄时最大。湘西黄牛屠宰率为52.3%，皮厚0.47 cm，肌肉厚5.85 cm，脂肪厚0.48 cm，眼肌面积为44.88 cm^2，肉质优良，脂肪少。肌肉主要成分及含量为：水分74.13%，干物质25.87%，蛋白质15.73%，脂肪1.30%，灰分1.24%，热量5768 J/g。

二、滨湖水牛

滨湖水牛主产于洞庭湖区。岳阳市的临湘市、岳阳县、华容县、湘阴县、南县，益阳市的沅江市、资阳区、汉寿县，常德市的澧县、安乡、临澧等县市和湘西、湘中各地均有分布。湖北、江西、广西、广东等省均有引进。近年来，由于湖区防治血吸虫的需要，滨湖水牛饲养量在逐渐减少。

1. 品种特征

滨湖水牛是体型高大、粗壮的地方牛品种，身体各部分生长匀称，肌肉丰满发达。头长额宽，耳大灵活，眼睛明亮而有神，宽大的嘴上有较长的“八”字胡须。牛角呈半圆形向身体后弯曲，角尖大多为盘角。母牛的脖颈相对细长，而公牛的脖颈相对粗厚。背腰平直，肋骨张开呈弓形。滨湖水牛公牛的肚子相对较小，阉牛垂腹，母牛腹部大且圆。母牛奶头短小，公牛睾丸显露。公牛和母牛的四肢都较粗壮，前肢直，后肢呈弯曲状，少数飞节内靠。蹄坚实而圆大，蹄壳呈黑色。大多数牛的蹄壳呈“木碗”形，约1/4个体的蹄壳呈“剪刀”形。尾根粗，尾长不过飞节。毛色主要是灰色，占54.1%；其次是青毛，占36.1%；也有极少个体是白毛，白毛滨湖水牛皮肤呈桃红色，有黑斑分布在鼻镜、嘴唇、会阴、前腋等处。前胸部与咽喉部有一条白毛带，另外，有一小撮对称的白毛分布在牛的头部两眼内角、面部、下颚、两耳内侧。在躯干部亦生长有稀疏而短小的白毛（图 2－2）。

图 2－2　滨湖水牛

2. 生产性能

滨湖水牛是湖南省洞庭湖区劳动人民长期精心培育出来的优良地方品种，具有耐粗易肥、性温驯、能耐劳和适应性强等特点。成年的滨湖水牛母牛平均体高为 124.83 cm，平均体重为 472.82 kg。成年公牛的平均体高为 127.76 cm，平均体重为 498.75 kg。公牛每日可犁畈田 4～5 亩，每年可负担水田面积 30～50 亩。滨湖水牛平均净肉率为 31.30%，平均屠宰率为 39.7%，老年牛和体质差的牛屠宰率和净肉率较低。

三、吉安黄牛

吉安黄牛，是江西省三大地方良种黄牛之一。吉安黄牛在湖南省茶陵等地区有养殖，湖南省有的地方称其为湘南黄牛。

1. 品种特征

吉安黄牛体格属中型偏小，形态结构匀称。头长窄，耳平伸，耳端尖、耳壳薄。眼睑、鼻镜、乳房和蹄角以黑褐色居多。牛角的形状较多，有倒“八”字角、铃铛角以及其他类型角等。

吉安黄牛母牛的肩峰不明显，但公牛却有明显突出的肩峰；公母牛的胸垂均不发达，尻部以短斜为主，尾长，达飞节以下，尾帚摆动范围大。被毛以深黄色和黑色为主（图 2－3）。

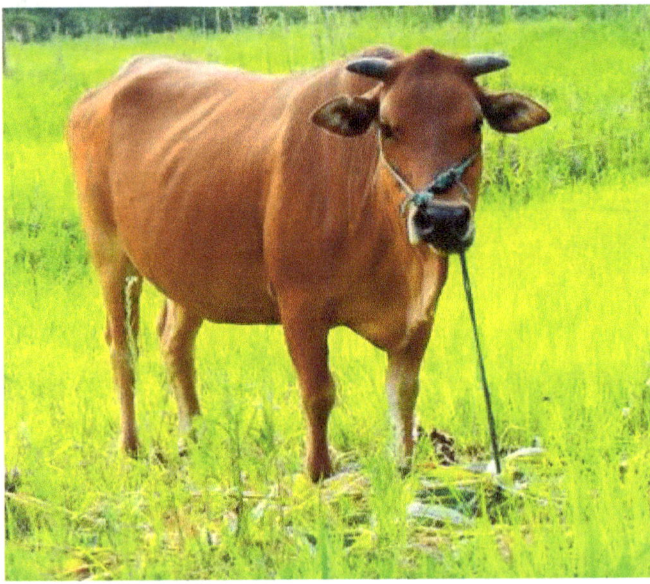

图 2－3 吉安黄牛

2. 品种性能

吉安黄牛是役、肉、乳兼用，性能优良的地方品种。吉安黄牛虽然个体偏小，但生长速度快，肉质鲜嫩，营养价值高。据测定，对耕牛肥育 60 天，屠宰率达 52.48%，净肉率达 42.91%，眼肌面积最大可达 56.39 cm^2。母牛的产乳期约 8 个月。吉安黄牛皮质坚韧、富有弹性，是制作皮革的优质材料。近年来，用西门塔尔牛、夏洛来牛冻精对吉安黄牛进行杂交改良，杂交牛优良的品质受到港澳市场的好评。

四、西门塔尔牛

西门塔尔牛原产于欧洲的瑞士，西门塔尔牛的役用性能和产肉性能好，产乳量高，是役、肉、乳兼用的优良大型牛品种。目前，湖南省引进的西门塔尔牛主要被用于肉用育肥及改良地方品种，西门塔尔牛是湖南省牛肉生产主要的利用品种之一。

1. 外貌特征

西门塔尔牛头较长，面较宽，牛角较细，向外上方弯曲；颈中等长；体躯长，肌肉丰满发达。牛的胸深，尻宽平，前躯比后躯发育更好，四肢结实，大腿肌肉发达，公牛体型显著大于母牛体型，成年公牛体重 800 kg 以上，最重的可达 1200 kg，成年母牛体重一般在 650～800 kg。母牛乳房发育好。西门塔尔牛的皮肤为粉红色，毛色为淡红白或黄白花，而牛的头胸、腹部、四肢及尾帚主要是白色（图 2－4）。

图 2－4　西门塔尔牛

2. 生产性能

西门塔尔牛是十分优秀和典型的肉乳兼用品种。西门塔尔牛生长速度快，平均日增重可达 1.3 kg，与利木赞牛等其他大型肉用品种相近。育肥后的公牛屠宰率可达 65%，屠宰后的胴体肌肉多，脂肪少而分布均匀。母牛适应性强，耐粗放管理。在湖南省内，不管是湖区，还是丘陵、山区，西门塔尔牛都能很好适应环境，湖南省各地均可对其自繁自养或杂交利用。西门塔尔牛母性好，难产率低。母牛平均年产奶量达到 4070 kg，乳脂率为 3.9%。良种西门塔尔牛中，年产奶超过 4500 kg 的个体约占 20%。

3. 肉用特点

西门塔尔牛体型高大，生长速度快，屠宰后肌肉多、脂肪少。西门塔尔牛成年母牛体高可达 135～142 cm，成年公牛体高可达 150～160 cm。肉用性能非常突出，西门塔尔牛的牛肉等级要明显高于普通牛肉。西门塔尔牛的牛肉具有优质高档牛肉的明显特性，牛肉富有弹性、肉色鲜红、纹理细致，牛肉肌纤维中的脂肪（大理石花纹）适中，肉质鲜嫩。脂肪质地较硬，为白色或带淡黄色，胴体体表脂肪覆盖率为 100%。

五、安格斯牛

安格斯牛原产于苏格兰。现分布于世界各地，是英国、加拿大、美国、新西兰等国的主要肉用牛种。

1. 品种特性

安格斯牛体型较小，体质紧凑结实，其毛色有黑色和红色，因此，被分为黑色安格斯牛和红色安格斯牛。安格斯牛头小而方正，头额部宽，额顶突起，眼大且明亮有神，头部无角是其显著外貌特征。安格斯牛体形为长方形，脖颈中等长，且较厚实，下有明显的垂皮，背线平直，体躯宽深，腰荐丰满，四肢直而短，牛的两前肢间距和两后肢间距都较宽。体躯平滑，肌肉丰满，腰部肌肉和尻部肌肉发达，大腿肌肉壮实，延伸到飞节（图 2-5）。红色安格斯牛与黑色安格斯牛在体型结构和生产性能方面无显著差异。

图 2-5　安格斯牛

2. 生产性能

安格斯犊牛初生体重为 25～32 kg，生长速度快，自然随母哺乳的 6 月龄断奶公犊体重达到 198.6 kg，6 月龄断奶的母犊体重可达 174 kg。饲养 12 个月后牛的体重可达 400 kg，并且能达到屠宰胴体等级的要求。安格斯牛平均日增重 950～1000 g。成年公牛平均活重为 800 kg，重的可达 1000 kg，成年母牛平均活重为 550 kg。成年公牛平均体高为 130.8 cm，成年母牛平均体高为 118.9 cm。

安格斯母牛哺乳能力强，母性特征优良。母牛的乳房结构紧凑，泌乳力强，常作为肉牛生产配套系中首选的母系。据测定，安格斯母牛挤奶天数为 173～185 天，年平均产乳量 639 kg，平均乳脂率 3.94%。

饲养 12 个月的安格斯母牛即达到性成熟，在 13～14 月龄时，可初配。母牛发情周期在 20 天左右，发情持续期平均为 21 小时，情期受胎率为 78.4%，妊娠期为 280 天左右。母牛产犊间隔一般为 12 个月左右，即一年一胎，繁殖效率高于其他肉牛品种。母牛分娩难产率低，可连续配种繁殖，牛的寿命长，生产中可利用到 17～18 岁。

安格斯牛耐寒、抗病力强、耐粒饲，无角，性情温和，便于放牧管理。

3. 肉用特点

生长发育快，早熟，易肥育，易配种。出肉率高，胴体品质好。安格斯牛早熟易肥，饲料转化率高，肉用性能良好，是公认的最优秀的专门化肉用牛品种。安格斯牛屠宰后，胴体品质好，有明显的大理石花纹，屠宰率和净肉率高，屠宰率最高可达 65%。由于安格斯牛品种优良，其肉的嫩度和风味都很好，市场认可度高，市场上用安格斯牛品种名作为牛肉的品牌名称，是世界上唯一享受此待遇的肉牛品种。

六、中国荷斯坦奶牛

中国荷斯坦奶牛，曾被称作中国黑白花奶牛。20 世纪末期，将纯种的荷斯坦牛与我国的黄牛杂交，历经 10 余年的选育，形成我国唯一的一个奶牛品种。

1. 形态特征

中国荷斯坦奶牛是乳用型的牛品种，有明显的乳用型奶牛的外貌特征（图 2 - 6）。乳牛的头长而清秀，牛角细。脖颈细长，皱纹明显。胸部深长，背与腰强健平直。母牛腹围大而不下垂，胸部发育良好；乳头大小适中，在腹部均匀分布；乳静脉大且弯曲，乳井较大且深。中国荷斯坦奶牛皮薄，富有弹性。乳牛的被毛细且有光泽。

图 2-6　中国荷斯坦奶牛

2. 生长繁殖

中国荷斯坦奶牛具有良好的繁殖性能，在产后 53 天左右发情，发情周期平均为 21.2 天，怀孕期平均为 280 天。母牛遗传性状稳定，适应性强，在湖南省各地均可饲养。一般母牛年平均产奶量为 5000 kg，乳脂率为 3%～3.5%，乳脂量为 200 kg。

3. 品种特点

荷斯坦奶牛是世界上产奶量最高、饲养数量最多的奶牛品种。由于其毛色呈黑白花片状，故亦被称为黑白花奶牛。

中国荷斯坦奶牛皮薄、有弹性，骨骼较细而强壮。肩狭长，胸深而宽，背线平直。母牛后躯较前躯发达，腹部圆大，侧视呈楔形，乳房发达，乳静脉粗而弯曲。毛色多黑白花或白黑花，额、腹、四肢下部，乳房和尾帚多为白色。公牛体高 140 cm 左右，体重 800～1000 kg；母牛体高一般在 135 cm，体重 450～750 kg。母牛的配种时间为 15～18 月龄，配种后，在 25～28 月龄产犊。一个泌乳周期的产奶量一般为 4500～5000 kg，优良牛群的产奶量可达到 7000～9000 kg，高产奶牛的产奶量高达

10000 kg，乳脂率为 3.0%～3.7%。

中国荷斯坦奶牛适宜生活温度为 0℃～24℃，环境温度超过 30℃时会明显影响产奶量。

七、娟姗牛

娟姗牛原产地为英吉利海峡泽西岛，是一个优良的奶牛品种。

1. 外貌特征

娟姗牛体型小，头小而清秀，额部凹陷，两眼突出而有神（图 2-7）。母牛乳房发育良好。娟姗牛成年公牛体高为 123～130 cm，体重为 500～700 kg；成年母牛体高为 111～120 cm，体重 350～450 kg。被毛多为褐色，也有浅灰色、深黄色或接近黑色的个体，不同的个体颜色深浅有差异。

图 2-7 娟姗牛

2. 生产性能

娟姗牛的性成熟期早，在 15 月龄便可配种。出生犊牛体重 23～27 kg。娟姗牛较耐热。产奶量要小于中国荷斯坦奶牛，一般年平均产奶量约3500 kg，乳质浓厚，乳脂和乳蛋白含量高于中国荷斯坦奶牛，乳蛋白含量达3.5%，乳脂率为5.5%～6%，乳脂色黄且风味好。

八、湘东黑山羊

湘东黑山羊的俗名为浏阳黑山羊，其原产于湖南省浏阳市，分布于湖南省长沙、株洲、醴陵、平江及江西省铜鼓等地，是中国少有的纯黑山羊品种，是湖南省2个地方品种山羊之一。凭其肉嫩、久煮不老、肥瘦相间、香甜可口和久吃不腻等特点驰名中外，在粤港澳被消费者誉称为“补羊”。因其经济早熟，产肉性能好，繁殖力高，遗传性能稳定，适应性和抗病力很强，以放牧为主，能充分利用零星草场，养殖经济效益显著，投资回报率高而深受广大山区养殖户喜爱。

2021年1月13日，湘东黑山羊被列入《国家畜禽遗传资源品种名录（2021年版）》。

1. 外貌特征

湘东黑山羊被毛全黑，头小眼大，额面微凸，鼻梁稍拱，耳斜立，尾短上翘。公羊角向后两侧伸展，灰黑色，呈镰刀状，鬐甲部稍高于十字部，背腰平直，四肢短直，被毛比母羊稍长。母羊角较小，灰黑色，向上左右斜伸，呈倒“八”字形，十字部略高于鬐甲部，背腰凹陷，乳房发育好（图2-8）。

图 2-8 湘东黑山羊

2. 繁殖性能

湘东黑山羊公母羊均在 3 月龄性成熟，公羊初配年龄为 6～8 月龄、母羊为 4～5 月龄。母羊四季发情，但发情多集中在春秋两季，发情周期为 16～21 天，妊娠期为 147 天左右；一年产 2 胎，且多产双羔，年产羔率为 380%左右。

3. 生长性能

公羔初生重为（1.8±0.4）kg，母羔初生重为（1.8±0.3）kg。成年公羊重为（37.1±3.3）kg，母羊重为（28.8±3.3）kg。公羊屠宰率为（45.0±1.6）%，净肉率为（35.0±1.1）%；母羊屠宰率为（43.8±1.3）%，净肉率为（34.1±0.9）%。

4. 品质特色

湘东黑山羊肉质细嫩，营养丰富。肉色红润有光泽，脂肪白色或微黄色，纤维清晰有韧性，膻味极小。经国家权威机构检测，100 g 羊肉的蛋白质含量达 21.3 g，氨基酸总量达

19.1 g，尤其谷氨酸含量高达 3.08 g，锌含量达 3.52 mg。

九、马头山羊

马头山羊原产于湖南省常德和湖北省十堰、恩施等地区，是肉皮兼用的地方优良品种。国际小母牛基金会于 1992 年推荐马头山羊为亚洲首选肉用山羊品种。马头山羊体形优美，初生重和成年羊平均体重等指标在国内地方品种中表现突出，被认为是体型较大、生长速度较快、肉用性能最好的优秀地方山羊品种之一。

1. 外貌特征

马头山羊的公羊和母羊都无角，头形似马，故被称为马头山羊。马头山羊性情迟钝，有“懒羊”之称。

马头山羊体型较高大，躯体较长，胸部深厚，胸围肥大（图 2-9）。成年公羊体重为 40～50 kg，少数个体体重可超过 60 kg；成年母羊体重为 35～40 kg，少数个体体重可达 55 kg。

图 2-9　马头山羊

2. 繁殖性能

马头山羊性成熟早，四季可发情。公羔 120～180 日龄性成熟，母羔 90～150 日龄性成熟，一般在 240～300 日龄配种，妊娠期为 140～154 天，哺乳期为 60～90 天，1 年产 2 胎或 2 年产 3 胎。产羔率的高低受饲养水平和生态环境影响较大。平均每胎年产羔率为 182%左右，每胎产羔 1～4 只。

3. 生产性能

据调查统计，马头山羊初生重与每胎产羔数量有关。产单羔时，公羊初生体重为 1.95 kg 左右，母羊初生体重为 1.92 kg 左右。产双羔时，公羊初生体重为 1.70 kg 左右，母羊初生体重为 1.65 kg 左右。粗放饲养条件下，公羊 90 日龄体重可达 12.96 kg，母羊 90 日龄体重可达 12.82 kg，180 日龄的阉羊平均体重为 21.68 kg，屠宰率 48.99%，一周岁阉羊体重可达 36.45 kg，屠宰率 55.90%，出肉率 43.79%。马头山羊肌肉发达，肌纤维细致，肉色鲜红，肉质鲜嫩，膻味小。由于早期有良好的肥育效果，可用于肥羔肉生产。板皮品质良好，张幅大，平均面积 8190 cm^2。马头山羊毛洁白、均匀，是制作毛笔、毛刷的优质原材料。

十、努比亚山羊

努比亚山羊因原产于埃及尼罗河上游的努比亚地区而得名，是世界上最著名的奶肉兼用型山羊品种。

1. 外貌特征

努比亚山羊头较小，鼻梁和额部隆起呈三角形，俗称“兔鼻”；两耳宽大且长，下垂至下颌部，是努比亚山羊显著的外貌特征。我国引进的努比亚山羊主要为黄色，少数黑色。努比亚山羊有角或无角，有须或无须。颈较长，颈部肌肉丰满，四肢细长，骨骼坚实。体躯较深长，腹大下垂；胸部深广，背宽而直，尻宽而长，乳房丰满，乳头大而整齐。毛色多样，有棕色、黄色、暗红色和黑色等颜色；被毛细短、富有光泽（图 2 - 10）。

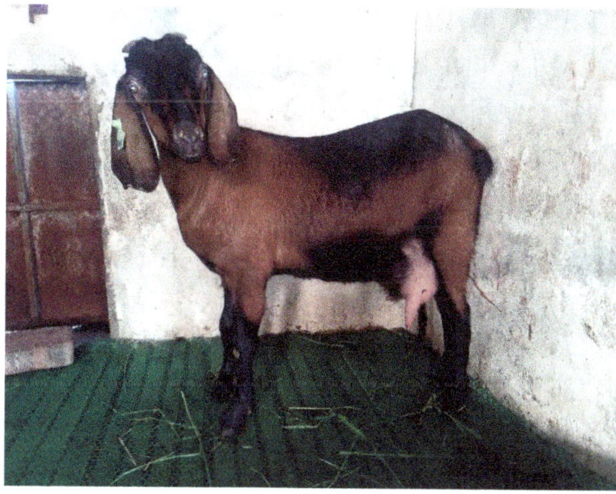

图 2 - 10　努比亚山羊

2. 繁殖性能

努比亚母羊的初配时间为 5～7 月龄，公羊初配时间为 6～9 月龄，发情周期为 20 天左右，发情持续时间为 24～48 小时，怀孕期为 146～152 天，发情间隔 70～80 天。努比亚山羊年均产羔 2 胎，初生羔羊的体重一般在 3.6 kg，平均年产羔率 230.1%。哺乳期为 70 天左右。

3. 生产性能

努比亚山羊是中国生长速度最快和体型最大的山羊品种之一，成年公羊体重普遍在 150 kg 以上，成年母羊体重也可达 100 kg 以上。努比亚山羊生长速度快，60 天断奶时，公羊平均体重为 28.16 kg，母羊平均体重为 21.20 kg，比国内的地方山羊品种要高 50%。努比亚成年公羊、母羊屠宰率分别是

51.98%、49.20%，净肉率分别为40.14%、37.93%。

十一、川中黑山羊

川中黑山羊原产地为四川乐至县、金堂县一带，分乐至型与金堂型两种。川中黑山羊生长速度快、体型大、繁殖率高，且适应性强、耐粗饲，是优良的地方品种。湖南每年都大量引种川中黑山羊。

1. 外貌特征

乐至黑山羊被毛黑色，毛色光亮，冬季体表着生短而细密的绒毛。体型较大，体质结实，全身各部结合良好。头中等大，额宽微突，鼻梁微拱，耳较大，为垂耳或半垂耳，无角或有角，少数头顶部有“栀子花”样白毛或颈下有肉垂（图2-11）。公羊体态雄壮，角粗大向后弯曲，成年时下颌有髯，睾丸明显，发育好。母羊体型偏小，羊角较小，呈镰刀状，乳房呈球形或梨形，发育好。

图2-11 川中黑山羊

2. 繁殖性能

乐至黑山羊性成熟早，母羊初情期为90～120日龄，公羊性成熟更早，60～90日龄时，即有性欲表现。母羊初配年龄为150～180日龄，公羊初次利用的适宜年龄为240～300日龄。母羊平均发情周期为20.3天，发情持续时间平均为48.6小时，妊娠期平均为150.1天，产后第一次发情时间为26.35天，产羔间隔为212天，年平均产1.72胎，初产母羊年平均产羔率205.95％，经产母羊年平均产羔率达到252.00％。

3. 生产性能

乐至黑山羊初生母羔羊体重2.41 kg左右，初生公羔羊体重2.73 kg左右；60日龄母羊体重12.11 kg左右，公羊体重14.33 kg左右。母羊日增重162 g，公羊日增重191 g。成年母羊平均体重为65 kg，成年公羊平均体重为75 kg。

公羊6月龄、12月龄胴体重分别为15.65 kg、21.88 kg，屠宰率分别为54.42％、50.84％；母羊6月龄、12月龄胴体重分别为13.13 kg、17.66 kg，屠宰率分别为48.25％、47.36％。乐至黑山羊鲜肉色泽红润，柔嫩多汁，味鲜且无膻味，脂肪分布均匀。

十二、波尔山羊

波尔山羊原产于南非，被称为世界“肉用山羊之王”，是世界上著名的生产高品质瘦肉的山羊，是优秀的肉用山羊品种。波尔山羊体型规格大，生长速度快；繁殖性能好，胎均产羔多；出栏屠宰率高，肉质细嫩，适口性好；对环境的适应性强，耐粗饲养殖；遗传性状稳定，抗病力强。波尔山羊这些优良性状，在生产中深受青睐，常作为优良公羊种源和终端父本来显著提高杂交后代的生长速度和产肉性能。

1. 外貌特征

波尔山羊体躯被毛为白色，头部被毛为褐色或红色，并有一条白色毛带，颈、胸、腹部有红色或褐色斑点，有的全身为棕红色。被毛短或中等长，光泽好，无绒毛。羊角突出，耳朵宽长而下垂。胸宽深，背平直，肋骨开张良好，躯体呈圆桶状，圆厚紧凑，肌肉丰满，四肢短壮，是典型的肉用体型（图 2 - 12）。

图 2 - 12　波尔山羊

2. 繁殖性能

波尔山羊母性好。性成熟早，通常公羊在 6 月龄，母羊在 10 月龄时达到性成熟。其性周期为 20 天左右，发情持续时间为 1～2 天，初次发情时间为 6～8 月龄，妊娠期约 150 天。四季发情。每 2 年产 3 胎，产羔率为 160%～220%，绝大多数为多羔，60% 为双羔，15% 为三羔，繁殖用波尔山羊可使用 10 年。

波尔山羊的泌乳期为120～140天，乳脂率为5.6%，总固体为15.7%，乳糖为6.1%，在放牧条件下，一般日产奶1.5～2.5 kg，母性优良。

3. 生产性能

成年公羊体高75～90 cm，体长85～95 cm，体重95～110 kg，成年母羊体高65～75 cm，体长70～80 cm，体重65～75 kg。早期生长速度快。波尔山羊初生羔体重为3～4 kg，单羔初生体重5 kg以上；断乳前公羔日增重为192～380 g，母羔为192～319 g；106天断乳的公羔体重为23.4～41.5 kg，母羔体重为22.5～33.0 kg；断乳后公羔日增重为74～168 g，母羔为46 g～125 g。在集约化育肥条件下，平均日增重可达400 g，在放牧条件下平均日增重可达300 g。波尔山羊6月龄即可达到30 kg体重并出栏上市。波尔山羊的屠宰率超过50%，肉骨比为4.7∶1。胴体瘦而不干、厚而不肥、色泽纯正、膻味小，且肉质细嫩多汁，肉味纯正。

十三、南江黄羊

南江黄羊原产地为四川省南江县，具有体型规格大、生长速度快、产肉性能好、繁殖能力强、板皮品质优、适应范围广、改良效果佳等特性，是一个优良的地方品种。

1. 外貌特征

南江黄羊被毛黄色，沿背脊有一条明显的黑色背线，毛短且紧贴皮肤，富有光泽，被毛内侧有少许绒毛，有角或无角，耳大微垂、鼻拱额宽，体格高大，前胸宽广，颈肩结合良好，背腰平直，四肢粗长，结构匀称，体躯近似圆桶形，公羊颜面毛色较黑，前胸、颈肩、腹部及大腿被毛黑而长，头略显粗重，母羊颜面清秀（图2-13）。

图 2-13 南江黄羊

2. 繁殖性能

南江黄羊性成熟时间早。公羊 60 日龄即有爬跨等行为；母羊 90 日龄出现初情，120 日龄可初配受孕；公羊最佳初配年龄为 12～18 月龄，母羊为 8～18 月龄。经产母羊年产 1.82 胎，年平均产羔率为 205.56%，群体繁殖成活率为 90.18%。

3. 生产性能

南江黄羊体格高大、生长发育快。南江黄羊公羊在 6 月龄、1 岁、成年时体重分别为 27.40 kg、37.61 kg、66.87 kg，母羊分别为 21.82 kg、30.53 kg、45.64 kg。

南江黄羊羯羊 6 月龄胴体重 8.83 kg、8 月龄胴体重 10.78 kg、10 月龄胴体重 11.38 kg、12 月龄胴体重 15.55 kg；6 月龄屠宰率 43.98%、8 月龄屠宰率 47.63%、10 月龄屠宰率 47.7%、12 月龄屠宰率 49.71%、成年羯羊屠宰率为 55.56%，而且具有早期屠宰利用的特点，最佳适宜屠宰期为 8～10 月龄。

肉质鲜美，胆固醇含量低，膻味低，是南江黄羊特有的产肉特征。

十四、莎能奶山羊

莎能奶山羊原产地为瑞士，是世界公认的奶用羊品种。陕西是我国莎能奶山羊生产发源地，是全国最大的莎能奶山羊良种繁育基地。

1. 外貌特征

莎能奶山羊全身白毛，皮肤粉红色，体格高大，结构匀称，结实紧凑。具有头长、颈长、体长、腿长的特点。额宽，鼻直，耳薄长，眼大凸出，眼球微黄，多数无角，有的有肉垂（图 2-14）。母羊胸部丰满，背腰平直，腹大而不下垂；后躯发达，乳房基部宽广，形状方圆，质地柔软。公羊颈部粗壮，前胸开阔，体质结实，外形雄伟，尻部发育好，四肢端正，部分羊肩、背及股部生有长毛。

图 2-14 莎能奶山羊

2. 生产性能

莎能奶山羊性成熟时间在 2～4 月龄，9 月龄就可配种。利用年限可达 10 年以上。繁殖率高，产羔率为 180%～200%。

泌乳期为 8～10 个月，以 3～4 胎泌乳量最高。平均年产奶 800～900 kg，个体最高产奶量达 1071 kg。

十五、阿尔卑斯奶山羊

由法国地方山羊和引进的瑞士奶山羊长期杂交选育而成，是法国奶用山羊的主要品种，占其奶山羊总数的 70%以上。目前除广泛分布于法国各地外，还分布于新西兰、澳大利亚、美国及中非等国家。

1. 外貌特征

阿尔卑斯奶山羊被毛粗短，毛色不一，有灰棕色、灰色、白色和花斑色；有的有角，呈镰刀状，有的个体无角。面凹，额宽，体躯深，乳房为椭圆形，基部附着良好（图 2－15）。

图 2－15　阿尔卑斯奶山羊

2. 生产性能

公羊体高为 85～100 cm，母羊体高为 72～90 cm；公羊体重为 80～100 kg，母羊体重为 50～70 kg，一个泌乳期产奶量

800 kg 左右，乳脂率为 3.5%。

十六、九嶷山兔

九嶷山兔产于湖南省宁远县九嶷山。分布于宁远县境内及周边的嘉禾县、蓝山县、双牌县、道县、新田县、江华县一带。

九嶷山兔属中型地方兔种，成年兔体重多在 2 kg 左右，被毛主要为纯白色，约占 3/4；纯灰色个体约占 1/4，有极少量的其他毛色（黑、黄、花）。

九嶷山兔头型清秀，呈纺锤型，眼球中等；兔毛短而紧密（图 2 - 16）。四肢强壮，肌肉丰满。腹部紧凑而有弹性；乳头 4～5 对，以 4 对居多；四肢端正，尾较短。3 月龄的肉兔全净膛重为 1352～1362 g，屠宰率为 51%～52.3%。

图 2 - 16　九嶷山兔

十七、武冈铜鹅

武冈铜鹅因其喙、胫、蹼呈青灰色似青铜，或呈橙黄色似黄铜而得名。原产地为湖南省武冈市，在邵阳的其他县市及衡阳、娄底、株洲等地均有分布，省外也有养殖。

图 2-17 白羽武冈铜鹅

图 2-18 灰羽武冈铜鹅

武冈铜鹅外貌清秀，体型呈椭圆形。喙长。虹彩呈黄褐色。

颈脖较细长，稍呈弓形，后躯发达。产蛋期腹下单褶或双褶，垂皮明显。鹅群分白羽（图 2－17）和灰羽（图 2－18）两种类型，白羽群体羽毛全白，喙橘黄色，跖、蹼、趾橙黄色，似黄铜，称黄铜型，约占 2/3；灰羽群体，鹅的颈羽、翼羽、尾羽灰褐色，腹下乳白色，喙与眼睑连接处有线状的白环，趾黑色，胫、喙、蹼青灰色，似青铜，称青铜型，约占 1/3。

武冈铜鹅平均初生重为 95 g；60 日龄平均体重为 2750 g；成年公鹅、母鹅体重分别为 5240 g、4410 g。成年母鹅平均半净膛屠宰率为 87.46％，成年公鹅平均半净膛屠宰率为 86.16％；成年母鹅与公鹅平均全净膛屠宰率差异不显著，成年母鹅平均全净膛屠宰率为 79.11％，成年公鹅平均全净膛屠宰率 79.69％。母鹅开产日龄，最早的为 162 天，平均开产日龄 185 天。每年 9—10 月开始产蛋，翌年 3—4 月结束产蛋，年产蛋少的只有 2 窝，多的可以产 4 窝，平均年产蛋 37 枚，平均蛋重 160 g。蛋壳为乳白色，平均蛋壳厚度 0.42 mm，平均蛋形指数 1.38。母鹅有较强的就巢性，有就巢性的母鹅达到 97％。公鹅性成熟期为 140～160 天，

十八、溆浦鹅

溆浦鹅，湖南省溆浦县特产，中国国家地理标志产品。

溆浦鹅成年鹅体型高大，体躯稍长、呈圆柱形。公鹅头颈高昂，直立雄壮，叫声清脆洪亮，护群性强。母鹅体型稍小，性温驯，觅食力强，产蛋期间后躯丰满、呈蛋圆形。腹部下垂，有腹褶。有 20％左右的个体头上有顶心毛。羽毛颜色主要有白、灰两种，以白色居多。灰鹅背、尾、颈部为灰褐色，腹部呈白色。皮肤浅黄色。眼睛明亮有神，眼睑黄色，虹彩灰蓝色。胫、蹼呈橘红色。喙黑色。肉瘤突起，表面光滑、呈灰黑色。

白鹅全身羽毛白色，喙、肉瘤、胫、蹼都呈橘黄色。皮肤浅黄色，眼睑黄色，虹彩灰蓝色（图 2 - 19）。

图 2 - 19　溆浦鹅

溆浦鹅是饲养年代悠久的著名地方品种，体大肝肥是其特点。成年鹅体重达 6 kg 以上，肥肝平均重 572.9 g，最重达 1001.2 g。据测定饲养 91 日龄的鹅体重可达 5 kg，经 24～28 天填肥后，平均肝重为 746 g，最大肝重达 1330.5 g，且肝料比为 1∶28，是中国肝料比最好的鹅种之一。鹅体在中国排第二，产肥肝性能在全球排第二，仅次于英国。肉质细嫩，全净膛肉为 80％。

十九、酃县白鹅

酃县白鹅，是湖南省株洲市炎陵县特产，全国农产品地理标志。2006 年 6 月被农业农村部确定为国家级畜禽遗传资源保护品种。

酃县白鹅体型小而紧凑，体躯似短圆柱体。头中等大小，有较小的肉瘤，母鹅的肉瘤扁平，不显著。颈长中等，全身羽毛白色。喙、肉瘤、胫和蹼呈橘红色，皮肤黄色，虹彩蓝灰色。

公母鹅均无咽袋。

酃县白鹅，皮肤完整，肌肉紧密而不软，组织致密坚韧。色泽呈熏制所特有的红褐色，有光泽。具有浓郁的熏腊风味与滋味。具有该品种应有的形态，肢体完整，肉身干爽，无残毛、无盐渍（图 2-20）。

图 2-20　酃县白鹅

夏季生长 90 日龄的公鹅体重为（2.89±0.313）kg，母鹅体重为（2.87±0.316）kg；冬季生长 75 日龄上市的公鹅体重为（4.01±0.373）kg，母鹅体重为（3.5±0.396）kg。

据 2006 年 10 月对农家饲养的 32 羽酃县白鹅繁殖性能的统计，鹅的平均开产日龄为（179.3±31.4）天，最早开产日龄为 120 天，最迟开产时间为 250 天，150 天日龄内产蛋的鹅占 18.5%，150 日龄以上产蛋的鹅占 81.5%。公鹅性成熟时体重可达 4 kg 左右。公鹅、母鹅配种比例为 1∶（4～5）。

酃县白鹅产蛋一般在 10 月至翌年 4 月间，可产蛋 3～5 窝，一般为 3 窝。每窝连产 8～12 个蛋，个别的一窝产 14 个蛋，产蛋时间大多在晚上。年产蛋数为 30～50 个。据对 287 枚蛋的测定，种蛋的受精率为 80.8%，受精蛋的孵化率为 89.2%。育雏存活率达 98.1%。

二十、道州灰鹅

道州灰鹅原产地为湖南省的道县。道州灰鹅外形美观，其特征为铁嘴、铜脚、白肚皮、瓦灰背和“二短一圆”，全身羽毛基本为灰色，而腹部及颈部腹面为白色，嘴呈黑色，脚橘黄色；颈短，脚短，屁股圆（图 2 - 21）。肥育快，肉质鲜美，肥肝好，是湖南省优质地方鹅种。

图 2 - 21　道州灰鹅

道州灰鹅在野外有较强的觅食能力，抗病能力强，耐粗饲，生长速度快。60～75 日龄个体重为可达 3.5～4 kg。90 日龄的母鹅体重为 4～4.5 kg，公鹅体重可达 5 kg。母鹅 9 月龄（270 日龄）开产，从 8 月底开始产蛋，延续到翌年的 3 月底，年产蛋 3～4 窝，平均年产蛋 40 枚，蛋重平均 181.7 g。母鹅有较强的就巢性。

二十一、朗德鹅

朗德鹅，原产于法国西南部靠比斯开湾的朗德省，是世界著名的肥肝专用品种，专家推崇的肥肝型用鹅。毛色灰褐，颈部、背部接近黑色，胸部毛色较浅，呈银灰色，腹下部则呈白色，也有部分白羽个体或灰白色个体（图 2 - 22）。通常情况下，灰羽毛较松，白羽毛较紧贴，喙橘黄色，胫、蹼肉色，灰羽在喙尖部有一深色部分。

图 2 - 22　朗德鹅

性成熟期为 180 天。一般 210 天开产，种蛋受精率在 80% 左右，母鹅有较强的就巢性，雏鹅成活率在 90%以上。一般在头年 11 月到翌年 5 月为产蛋期。平均产蛋 30～40 枚/年，蛋重 160～200 g。成年公鹅 7～8 kg，成年母鹅 6～7 kg。8 周龄仔鹅体重 4.5 kg 左右，肉用仔鹅经填肥后重达 10～11 kg。肥肝均重 700～800 g。羽绒每个在拔两次毛的情况下，达 350～450 g。

二十二、草鱼

草鱼是鲤科草鱼属鱼类。体长形，吻略钝。背鳍无硬刺。

体呈茶黄色，腹部灰白色，体侧鳞片边缘灰黑色，胸鳍、腹鳍灰黄色，臀鳍和尾鳍浅色（图 2－23）。栖息于江河湖泊水体的中下层和近岸水草丰茂的区域。草鱼性活泼，游泳迅速，常成群觅食，为典型的草食性鱼类。草鱼是我国最重要的淡水养殖鱼类品种，草鱼和青鱼、鲢鱼、鳙鱼并称为我国的“四大家鱼”，草鱼是消费者喜爱的鱼品种，是湖南省居民家庭熏制腊鱼的主要原材料，是大宗淡水鱼中的首选养殖品种。

草鱼在干流或湖泊的深水处越冬。生殖季节亲鱼有洄游习性。

图 2－23 草鱼

草鱼性成熟年龄在华中地区为 4～5 龄，产浮性卵。草鱼生长迅速，1～2 龄体长增长最迅速，2～3 龄体重增长最迅速。而且草鱼生长快，个体大，最大个体可达 40 kg。肉质肥嫩，味鲜美，是一种很受欢迎的经济鱼种，是湖南省主要养殖的大宗淡水鱼。

二十三、团头鲂

团头鲂是鲤科鲂属鱼类。体长 165～456 mm，体侧扁而高，呈菱形，背部较厚，自头后至背鳍起点呈圆弧形，腹部在腹鳍起点至肛门具腹棱，尾柄宽短。背鳍位于腹鳍基的后上方，外缘上角略钝，末根不分枝，鳍条为硬刺，刺粗短，其长一般短于头长，起点至尾鳍基的距离较至吻端为近。鳃耙短小，呈片状。体呈青灰色，体侧鳞片基部浅色，两侧灰黑色，在体侧形成数行深浅相交的纵纹。鳍呈灰黑色（图 2－24）。

图 2－24　团头鲂

团头鲂喜欢在静水中生活。栖息于有沉水植物的敞水区下层水体中。冬季喜欢在深水处越冬。团头鲂为草食性鱼类，鱼种及成鱼以苦草、轮叶黑藻、眼子菜等沉水植物为食。

团头鲂适于在静水水体中繁殖生长。一般 3 龄达性成熟，在生殖季节，雄性亲鱼在眼眶、头顶、尾柄部的鳞片上和胸鳍前部鳍条的背面，均出现许多白色“珠星”，胸鳍第一根鳍条变得比较肥厚，略呈“S”状弯曲；雌性个体在尾柄处也出现一些稀疏的“珠星”。产卵一般在夜间进行。卵为黏性，浅黄色，附着在水草上发育。团头鲂生长快，成熟早，抗病力强，能够在池塘、水库、湖泊中自然产卵繁殖。

它的生长速度在 3 龄以前较快。放养的团头鲂冬片鱼种，经 1 年的饲养，个体可达 500 g 左右。

二十四、鳊

鳊是鲤科鳊属鱼类，又称长春鳊、草鳊、油鳊、长身鳊；古名槎头鳊、缩项鳊（图 2-25）。栖息于淡水中下层，为草食性鱼类。分布于中国各地江河、湖泊中。肉味鲜美，为重要经济鱼类。

图 2-25　长春鳊

鱼体侧扁，中部较高，略呈菱形，自胸基部下方至肛门间有一明显的皮质腹棱；头很小，口小，上颌比下颌稍长；无须；

眼侧位；侧线完全；背鳍具硬刺；臀鳍长；尾鳍深分叉；体背及头部背面呈青灰色；带有浅绿色光泽，体侧银灰色，腹部银白色，各鳍边缘灰色；腹鳍至肛门之间具腹棱，呈银灰色。腹面腹鳍前后全部具肉棱。头小，上下颌前缘具角质突起。背鳍具硬刺，臀鳍延长。

鳊是草食性鱼类，主要摄食各种水草、硅藻和丝状藻等，还可吃食少量的水生昆虫和浮游生物。鳊的食物成分随季节变化而有所改变，在冬季和春初，鳊摄食藻类和浮游动物；在4—8月，鳊主要摄食水生高等植物、植物种子、湖底植物的残渣，其次是藻类和无脊椎动物等。

性成熟年龄因地区而异，长江流域为2龄，北方为3～4龄。2冬龄鱼的怀卵量为2.8万～9万粒，4冬龄鱼为9.4万～26万粒。成熟的亲鱼于5—8月在有一定流水的场所繁殖产卵，卵飘浮性，6月底至7月初为最盛期。生长速度较缓慢而平稳，最大个体可达2 kg。

第二节 湖南省草食动物产业发展现状

湖南是养殖业大省，有着优越的自然资源条件和良好的产业发展基础。随着我国新时代人民生活水平的提高，人民对食品的需求从“吃得饱”到“吃得好”转向“吃得健康”，牛、羊、鹅、鱼等草食动物肉类成为百姓“菜篮子”的重要品种，草食动物产业在农业经济产业中占比持续升高。发展草食动物生产，为增强优质肉奶供给提供保障，对巩固脱贫攻坚成果，全面推进乡村振兴和产业兴旺，促进经济社会稳定发展具有十分重要的意义。“十三五”以来，湖南省不断推进农业供给侧结构性改革，深入实施乡村振兴战略，积极推动牛羊等节粮型草食牧业和畜禽水产生态养殖，形成了以规模化、标准化、区域化和绿色生态循环为主导发展的产业体系。

草食动物产业是畜牧渔业中的“朝阳产业”。牛羊肉、奶及鱼肉，蛋白质含量高，脂肪含量低，因其生态、安全、健康的特性，越来越受消费者喜爱，发展潜力巨大；近年来牛羊肉价格持续上涨，无论是对农民增收还是企业增效都具有明显效果；且草食动物产业能够将产业发展与生态建设有机结合，符合生态文明的要求与方向，湖南省草食动物产业发展未来可期，大有可为。近年来湖南省草食动物产业的发展呈现出以下几个特点。

一、产业转型快速推进

随着农业机械化推广和农村劳动力转移加快，湖南省牛羊养殖呈现明显的规模养殖加速推进趋势，牛羊规模养殖场户数及出栏的数量都有较大程度增加。近五年来，湖南省肉牛肉羊生产持续增长。2018—2021 年，每年肉牛出栏同比增长分别是3.88%、6.42%、7.45%、3.5%，肉羊出栏同比增长分别是1.02%、6.64%、1.21%、8.2%。湖南省牛羊肉产量达 35.65 万 t，在全国排第 12 位。2022 年湖南省肉牛年出栏 50 头以上的规模场达到 3522 个，出栏肉牛 114.78 万头，占全省出栏量的26.2%，比 5 年前提高 4.4%；肉羊年出栏 100 只以上的规模场达 6275 个，占全省出栏量的 41.3%，比 5 年前提高 12.4%。

新时期，湖南省加快奶业振兴，实现奶业高质量发展。根据不同的资源禀赋，全省初步构建了四大奶畜产业优势区，分别是以南山牧场为代表的草山资源区、以常德为代表的洞庭湖平原饲草供应优势区、以长沙为代表的城市消费型奶业区，以及以永州、郴州承接沿海产业转移为代表的奶业发展新区。以适度规模养殖为主，主要形成了草山生态牧养型、圈舍饲喂精养型、种—养—加—销—旅三产融合一体化经营型等三类模式。据湖南省奶业协会对全省奶畜规模养殖场和主要乳企的统计数据显示，2020—2022 年，湖南省主要规模养殖场奶牛存栏量年均递增 16.4%，奶牛单产水平提高了 28.5%；规模场 2021 年的销售额和利润同比上年增幅分别达 14.87%、10%；2020—2022 年乳制品加工和销售的年利润分别递增 5.48%、57.26%。特别是 2021 年全省生鲜乳总产量同比 2019 年增长了 38%，成年母牛年均产奶利润超过 6000 元/头，创近 6 年来新高。先后建成或引进南山牧业、犇牧科技、金健乳业、德人牧业、皇氏集团优氏乳业、优卓牧业、江华温氏等大中型养殖加工乳企。形成了奶粉、液态奶（巴氏鲜奶和酸奶等低温奶、高温灭菌乳）、固态奶（奶酪和奶片）等三类常规产品。成功打造了南山、金健、优卓、犇牧、皇氏优氏、德人牧香等一批地方优势品牌。近 10 年来，湖南省奶源和奶制品抽检合格率达 100%，没有发生重大奶类产品质量安全事件和奶畜区域性重大动物疫情。

二、市场需求前景广阔

1. 牛羊肉

近年来，随着我国城乡居民收入水平的不断提升，高蛋白、低脂肪、低胆固醇的草食畜鱼肉类产品以及优质安全乳制品的需求增长较快。当前湖南省肉牛和肉羊毛重价格分别达到 40 元/kg和 46 元/kg，个别品种价格高，如湘东黑山羊公羊毛重价格达到 80 元/kg，多年连续上涨，养殖效益不断提高，产值比重逐年增加。但我国牛肉人均消费量仅为 6.59 kg，远低于发达国家牛肉年平均消费 50 kg/人的水平。按世界人均牛肉消费 8.9 kg 计，未来 5～10 年我国牛肉消费额将从当前的 6600 亿元增加到 1 万亿元。从牛羊生产现状和消费趋势分析，估计近年来仍将保持高位运行。

2. 乳制品

市场对优质高蛋白乳制品的消费在逐年大幅增长，虽然2013年中国已成为全球最大的乳制品消费市场，但“十三五”时期，我国人均乳制品消费量约为世界发展中国家人均消费量的1/2，仅为世界人均消费量的1/3，要成为现代化强国，乳品消费量必然是衡量的一个软指标，提升空间还很大。随着2020年我国全面建成小康社会，人民生活水平显著提高，加上国家对二胎生育政策的放开、对三孩政策的放宽，最近几年国内市场的乳制品消费量更是水涨船高。就湖南省而言，湖南有近7000万人口，现城镇人口的年人均牛奶消费额仅200余元，若湖南省达到世界乳品消费平均水平，奶品年消费总额将超过400亿元，市场潜力尤为可观。消费的持续刚性增长，必然刺激和拉动奶业的加速发展。

3. 水产品

据统计，我国水产品总产量连续30多年居世界第一，占到世界水产品总产量的40%以上。近10年来，我国水产品增速在4%左右，约高于全球增速的2%，2021年全国水产品总产量达到6690万t，为“菜篮子”产品稳价保供作出积极贡献，养殖产量与捕捞产量比例由“十三五”初的75∶25提高至81∶19，产业融合水平显著提高。水产品在全球化中的地位愈发凸显，其具有优质的蛋白、肉质嫩且脂肪含量少等特点，是人类摄入高品质蛋白的重要来源，与畜禽蛋白相比，更有利于人体健康。

随着人们对健康的认识及可支配收入水平和消费水平的提高，水产品市场消费规模将不断扩大，水产品的消费市场前景非常广阔。从国内需求来看，我国城乡居民的水产品消费正以每年 4%以上的速度递增，2019 年我国水产品人均占有量达到了 46.45 kg，距日本、韩国等国家的人均年水产品消费量还有较大差距，内需将成为拉动水产品消费市场增长的主导力量，预计到 2030 年，我国水产品总需求量将超过 9000 万 t；且据 FAO 预测，作为优质动物蛋白重要来源的水产品，未来 10～15 年全球消费量将继续保持增长态势。

从省内需求来看，作为全国淡水养殖产品生产大省的湖南，人均水产品占有量仅为全国平均水平的 70%，人均实际消费水平仅为全国的 2/3；按人均消费水产品提高 15 kg 计，全省可再增加近 100 万 t 水产品的消费容纳量，市场消费潜力巨大。同时，随着国家“一带一路”和长江经济带战略深入实施，为湖南优质水产品“走出去”提供了广阔的市场空间。

三、生产经营产业化

湖南省涌现了湘西德农牧业、湖南德人牧业、涟源市天华牧业、新晃老祭食品有限责任公司、大湖股份等国家级和省级农业产业化龙头企业。南山牧场、德人牧业、优卓牧业、桃花源牧场等被评为国家休闲观光牧场、国家现代农业科技展示基地、畜禽养殖标准化示范基地。如湖南德人牧业有限公司作为湖南省液态奶全产业链制造企业，拥有年产 4 万 t 乳品工厂、烘焙工厂，年产 10 万 t 牧草加工厂，2 个 1000 头规模牧场，1 个国家 AAA 级旅游景区，以及 71 家德人牧香鲜奶吧，牵头组建“国家星创天地”“湖南省乳业产业技术战略联盟”“湖南省牧草资源与秸秆综合利用中心”等 6 项科研平台，先后获评国家休闲观光牧场、农业农村部国家现代农业科技展示基地、农业农村部畜禽养殖标准化示范基地、湖南省农业产业化龙头企业、湖南省高新技术企业、湖南省学生专用奶生产企业、湖南省产业强镇、湖南省首批特色产业小镇，是湖南省“五个100工程”企业。新晃黄牛是湖南省十大农业品牌。宁远县九嶷兔业开发有限公司的“九嶷＋图形”、湖南德农牧业科技有限公司的“德农”等商标获得湖南著名商标称号。湘西黄牛、新晃黄牛肉、湘东黑山羊还获得国家地理标志农产品登记。大湖股份的“大湖”牌有机水产品在市场上备受欢迎。

第三节　湖南草食畜牧产业发展具备的优势

一、牛羊品种资源丰富

湘西黄牛属国家级保护品种，是湖南省培育肉牛专用品种最好的遗传资源；湘东黑山羊、马头山羊都属省级保护品种，具有耐粗饲、抗病强、繁殖性能好、产品质量好、风味独特等优点，这些优良性状一旦被挖掘，发展潜力很大。鹅作为典型的草食性禽类，以食草为主，其生命力、抗病力较强，迄今尚未发现体内出现癌变的鹅。湖南省鹅的品种资源也很丰富，有武冈铜鹅、溆浦鹅、道州灰鹅和酃县白鹅等地方品种，是宝贵的遗传资源财富。

湖南省草食畜禽重点以产肉性能作为主要选择指标，在提高产肉量的基础上，加强繁殖性能选择，包括早熟、繁殖率和泌乳哺犊性能等的选择；随着湖南省畜禽良种繁育体系的逐步健全完善，草食畜禽优良品种开发利用力度不断加大，草食畜牧业发展的物质基础进一步夯实。

二、资源利用空间很大

利用草山草坡资源大力发展肉牛肉羊产业是有效增进肉食

供应、解决畜养殖与粮争地以及促进畜牧业绿色低碳发展的有效手段。湖南省天然草地面积达2451.1万亩，而实际利用面积仅893.7万亩，占36.5%；农闲田可利用面积1522.1万亩，实际利用面积71.7万亩，占4.7%；每年可利用秸秆在3000万t以上。湖南省丰富的饲草秸秆资源为发展牛羊产业奠定了良好基础，可利用饲草料资源理论载畜量在600万个黄牛单位（通常以一头成年母黄牛的饲料需要量作为一个黄牛单位）以上，但目前饲草资源开发利用不足8%，牛羊产业发展潜力仍然很大。

三、有实现标准化的产业基础

湖南草食动物产量大，形成了一定的规模效应。目前，湖南省草食牧业转型升级基本完成，以肉牛为重心的草食牧业已成为湖南养殖四大优势产业之一，牛羊肉产量在肉类中的占比保持较快增长。2020年，农林牧渔总产值7511.96亿元，其中畜牧业为2721.63亿元，在总产值中占比36.23%。2020年末，湖南省牛存栏438.10万头，比2015年末增长11.2%，全年牛出栏174.60万头，比2015年增长22.5%。羊存栏761.20万头，比2015年末增长16.1%，全年羊出栏983.30万头，比2015年增长17.1%。

第四节　草食动物产业发展的相关政策

2021年10月10日，中共中央、国务院印发了《国家标准化发展纲要》，提出要加强产业技术基础标准建设，加大基础通用标准研制应用力度，开展数据库等方面标准攻关，提升标准设计水平，制定安全可靠、国际先进的通用技术标准；要筑牢绿色生产标准基础，建立健全农业投入品质量、适度规模养殖、循环型生态农业、农产品食品安全、监测预警等绿色农业发展标准。到2025年，农业标准化生产普及率稳步提升，推动高质量发展的标准体系基本建成。

湖南省人民政府办公厅《关于促进畜牧业高质量发展的实施意见》湘政办发（〔2021〕28号）文件指出，一是要着力构建现代畜禽种业、标准化规模养殖、动物防疫、废弃物资源化利用、加工流通、质量安全“六个体系”，加快形成布局合理、产出高效、产品安全、资源节约、环境友好、调控有效的高质量发展新格局。二是要着力优化畜牧业发展布局，综合资源禀赋、生态环境、产业优势、市场供求等因素，继续调整优化畜牧业区域布局和产业结构，推进特色畜禽产业集群发展。切实加快制订涵盖畜禽品种、饲养管理、产品加工全链条生产标准和技术规程，推进畜牧行业标准化建设，加快推进湖南省由养殖大省向养殖强省转变。到2025年，湖南省畜牧业全产业链发展格局基本形成，特色畜禽全产业链产值达到1000亿元，畜禽养殖规模化率和畜禽粪污综合利用率分别达到70%以上和80%以上，到2030年分别达到75%以上和85%以上。

湖南省认真贯彻落实国家奶业振兴行动，将奶业发展纳入省委、省政府主导实施的“六大强农行动”，先后出台奶牛良种补贴、标准化规模养殖场、生产性能测定、优质高效苜蓿种植示范项目、奶牛养殖农业综合保险等补助政策，并将挤奶机械、全混合日粮设备等纳入到农机购置补贴范畴，加快推动了奶业的健康发展。

2021年7月5日，湖南省市场监督管理局关于印发《湖南省“十四五”标准化工作规划》的通知指出，在农业标准化方面，湖南省要围绕全面推进乡村振兴战略和优势特色产业集群、区域公共品牌、"一县一特"、"一特一片"战略实施，大力开展农业农村标准化工作，助力农业农村现代化建设；加强优势特色农业领域基础技术标准制修订工作，逐步完善农业标准体系；重点研制肉牛、肉羊等节粮型特色畜牧业生产技术标准，创建畜禽规模化养殖、水产健康养殖等标准化示范农场、示范园区和示范企业。

第五节　湖南省草食动物标准化现状

一、地方标准制定情况

湖南省历来十分重视农业地方标准制定、实施工作，通过湖南省标准信息公共服务平台的初步检索分析，目前已制定并有效的草食动物相关的地方标准 70 项，但也存在部分产业标准缺失的情况。主要草食动物地方品种有养殖标准和部分生产加工标准，而智慧畜牧、绿色食品、运输、包装、销售等标准几乎没有。

草食动物地方标准按品种分类基本情况见表 2－1。

表 2－1　草食动物地方标准情况（按品种分类）

产业类型	已制定标准	共计
肉牛	湘西黄牛（8），湘南黄牛（2），滨湖水牛（3），其他（4）	17
奶牛	娟姗牛（1），中国荷斯坦奶牛（2），其他（7）	10
山羊	湘东黑山羊（9），马头山羊（2），其他（6）	17
鹅	酃县白鹅（2），武冈铜鹅（5），道州灰鹅（2），溆浦鹅（2），朗德鹅（2）	13

续表

产业类型	已制定标准	共计
兔	九嶷山兔（3），獭兔（1），其他（2）	6
草食鱼类	草鱼（2），其他（5）	7
合计		70

二、标准实施情况

标准实施首先在宣传和贯彻方面有突破，在湖南省标准信息公共服务平台可以查询有效的湖南省地方标准、农业行业标准以及国家标准，在湖南省农业农村厅官网可以查询农业技术规程。湖南省农业农村厅和各级农业部门，以及标准制定单位将标准宣传和贯彻纳入业务技术培训。长沙市各县在对农业科技特派员考核中，将技术标准的推广应用作为新技术和成果推广应用范畴。湖南省科技进步奖和农业农村部农业丰收奖的评审，将地方标准的制定和实施情况作为主要的评定内容之一。湖南省农业系列职称评审，将标准制定作为一个重要的业绩指标。一些县，如长沙县、湘阴县，对地方标准的制定和实施给予适当的奖励。在绿色食品认证、地理标志产品认定登记、畜禽水产健康养殖示范场创建、渔业健康养殖示范县的创建、水产原良种的创建等方面，将标准化作为主要的技术文件和考核内容。

第六节　存在问题和不足

一、草食动物标准体系构建不够完善

标准体系是指一定范围的标准按其内在联系形成的科学有

机整体，标准体系的构建是一个系统工程。但湖南省草食动物的标准体系除湘西黄牛、湘东黑山羊等少数品种比较完善外，大部分品种没有产品标准或只有养殖、生产加工、检验检测等部分标准，并且各标准关联不够紧密，未能形成囊括品种、繁育、产地环境、设施设备、智慧畜牧、食品安全、养殖模式、动物营养、防疫防控、生产加工、检验检测、物流储藏、市场销售、追溯体系、管理与评价为一体的标准体系。特别是草食动物主要以饲草作为主要食物来源，是生产绿色食品的绝佳资源，而相关的绿色养殖技术标准还缺乏，低蛋白饲料配方、节粮型养殖模式技术标准也还缺乏。

二、草食动物标准化水平有待提高

湖南省主要草食动物标准化水平，与国外一些地区和北方省份相比，还有较大的差距，主要表现为养殖规模小、动物个体小、饲料系数高、生产成本高、高档次肉少，规模化、集约化、标准化经营水平较低，整体效益较低。适宜本地、规模适度，又能产生高效益的节粮养殖模式还不多。提高标准化水平，对于推动养殖技术进步，推进草食动物标准化健康养殖，合理利用资源，保护生态环境，增加产量，提高产品质量，提高社会经济效益，建立科学、合理的草食动物标准体系是十分必要的。

三、草食畜禽水产品市场特色不明显

传统生产产品和市场不适应，特色产品没有体现、提炼出自身特色，特色产品不够稳定。部分“一县一特”草食动物产品知名品牌打造力度不大，不能有效挖掘特色农产品历史文化底蕴，突出地域特色，强调本土特色；部分经营主体不注重生产的规范化、标准化，品牌效益不明显，致使产品形象和影响力不高；部分地区草食畜禽水产品品种单一，不能满足不同层次、不同喜好的消费者，市场竞争力不强。草食动物“三品一标”认证率不高，特别是绿色食品认证与种植业产品相比，差距较大，几个获得地理标志农产品登记的产品，产业化程度不高，宣传力度不大，“地理标志农产品”金字招牌还没有充分凸显出来。

四、草食动物标准宣贯实施工作落后

标准是农产品适应市场需求甚至抢占市场的依据，由于受思想重视程度和经费等的影响，大部分地区对地方标准培训、宣传、推广、示范、应用等工作滞后，对草食动物标准化的重要性认识不足，重视度不够，对草食动物标准及标准化工作宣传不到位、方法不科学、形式不灵活、创新性不强，致使社会各界对草食动物标准及标准化工作了解不深，学习应用氛围不够浓厚。部分草食动物标准内容的科学性、实用性、可操作性不强，结合湖南省实际不够紧密，标准的制定和实施流于形式。

第三章　湖南省草食动物标准体系构建

第一节　标准体系构建原则

一、目的性原则

构建草食动物标准体系是一项以目的导向为第一原则的工作，是为了解决草食畜禽产品从生产到市场供给的具体问题，围绕生产、加工、销售的具体目标而进行的系统化顶层规划和战略布局，因标准化目的和对象不同，草食动物标准体系构建的类型和方法也有所不同。在构建草食动物标准体系时，首先应确定标准化的对象，明确标准化对象管理的目标、任务、方法和途径，找出解决问题的关键点，并作为建立标准体系的基本要求。识别与目标有关的标准，剔除与目标无关或关系不大的标准。

二、系统性原则

标准体系不是若干个标准简单的集成，而是标准按其内在联系组成的有机整体，反映标准化对象是一个有机系统，应采用系统的方法组织相关标准以及分析标准化对象诸要素之间客观的内在联系，在此基础上将相关标准置于一个有目标的系统中，尽可能减少标准之间不统一、不协调等问题，最大限度地发挥标准化的整体效益。科学界定草食畜禽繁育、养殖和产品技术标准的内涵与外延，系统梳理已有的各类标准，全面构建、优化草食畜禽全产业链标准体系，为产业发展提供全方位的标准化工作支撑。

三、动态性原则

坚持开放兼容，动态优化。实行动态管理，查漏补缺、废旧立新，对于过时、老旧的标准予以废止或及时修订更新，紧跟产业发展趋势与新产品、新技术动态，定期对标准体系框架进行修改完善，提高标准体系框架的适用性，及时将草食动物绿色高质量发展需制定的新标准纳入体系。

四、适用性原则

立足于湖南省牛、羊、兔、鹅产业和草食鱼类养殖发展现状，紧密围绕社会发展新形势下产业转型升级的新任务、新要求，以产业技术需求为导向，在现有国标、行标和团标可用的前提下应参则参，合理确定标准立项需求，确保标准立项“确有需要，先进适用”，为草食畜牧渔业绿色高质量发展提供技术支撑。

五、协调性原则

与有关法律法规、方针政策、标准体系相一致；与生产实践以及科技创新成果相协调；理顺标准相互之间、标准内部之间的逻辑关系，对于共性技术可采用通用标准，独有的关键技术采用专用标准；处理好标准与行政文件、政府标准与市场标准的关系。

第二节　标准体系构建方法和思路

在一定范围内，将标准按其内在联系形成一个科学的有机整体，涵盖国家、行业、地区，也包含通用基础和技术保障标准，使标准体系内各项标准之间具有有机的内在联系。通过对标准的逻辑组合，使标准化对象具备一定的功能和特征。

草食动物标准体系分为三层，第一层以《畜牧法》《渔业法》《农产品质量安全法》《关于促进畜牧业高质量发展的实施意见》湘政办发（〔2021〕28 号）等相关政策、法律法规，以及草食动物产业的方针目标为基础；第二层为通用基础体系和技术保障标准体系，通用基础体系包括术语、图形符号、量和单位、标识标志、分类、编码、代码等方面的内容。技术保障标准体系由农产品安全生产、质量水平的标准所组成，包括农产品的生产加工、产地环境、质量控制、检验检测、物流系统、追溯体系、市场销售、管理与评价；第三层以草食动物产业标准体系具体特色产业为基础，结合相关政策和湖南省的草食畜禽渔业产业特色，按品种类群，分为肉牛、奶牛、山羊、肉兔、鹅、草食鱼类等 6 大类特色产业。每个产业是作为草食动物特色产业体系的一个子体系。第三层子体系中，包括了相关领域的通用基础、技术保障标准等内容。

第三节　湖南省草食动物标准体系

标准体系一般由标准体系结构图、标准明细表、标准统计表构成。在构建标准体系之前应先收集农业、林业（草）、畜牧业、渔业等产业相关的法律法规、规划、政策、标准等文件，以此为依据进行标准化需求分析，确保标准体系的构建是在国家法律框架内，符合行业发展政策和行业组织规划要求。

草食动物标准体系结构图体现了总的边界、层次构成、涵盖的专业门类、各层标准的类型、层次之间的关系等众多关键信息，并为体系标准明细表的形成提供了依据。结构图可由总结构方框图和若干个子方框图组成。标准体系的结构关系一般分为上下层之间的“层级”关系，或按一定的逻辑顺序排列起来的“序列”关系，也可由以上几种结构相结合的组合关系。每个方框可编上图号，并按图号编制标准明细表。

湖南省草食动物标准体系分成通用基础标准体系、技术保障标准体系、特色品种产业标准体系三大子体系，见图 3－1。

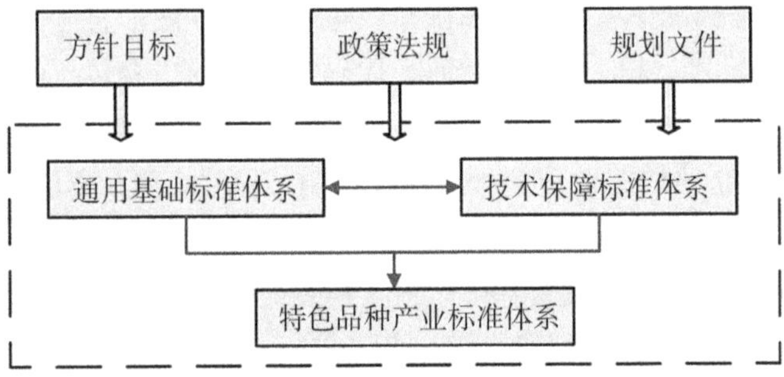

图 3－1　湖南省草食动物标准体系结构图

一、通用基础标准体系

通用基础标准体系是由草食动物最基础、最通用的标准所组成，包括术语和词汇、图形符号、分类和编码代码、标识标志等，结构图见图 3－2，通用基础标准体系明细表见表 3－1。

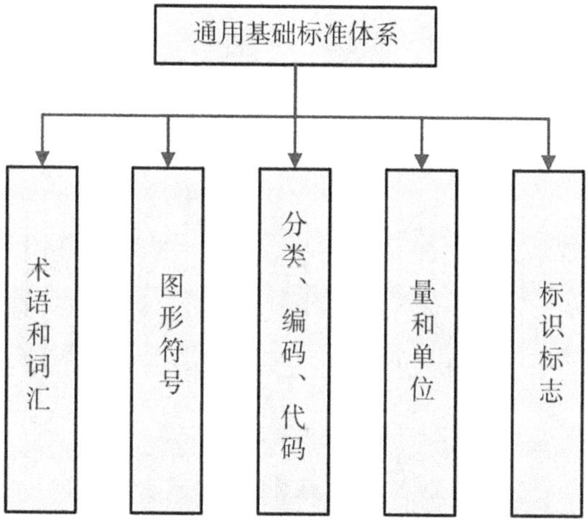

图 3-2　通用基础标准体系结构图

表 3-1　通用基础标准体系明细表

序号	标准编号	标准名称	标准级别
1	GB/T 14095—2007	农产品干燥技术术语	国家标准
2	GB/T 32950—2016	鲜活农产品标签标识	国家标准
3	NY/T 1431—2007	农产品追溯编码导则	行业标准（农业）
4	NY/T 3177—2018	农产品分类与代码	行业标准（农业）

二、技术保障标准体系

草食畜禽渔业技术保障标准体系由保障农产品安全生产、质量水平的标准所组成，包括农产品的食品安全、产地环境、畜禽养殖、生产加工、检验检测、物流系统、市场销售、追溯体系、管理与评价，结构图见图 3-3，技术保障标准体系明细表见表 3-2。

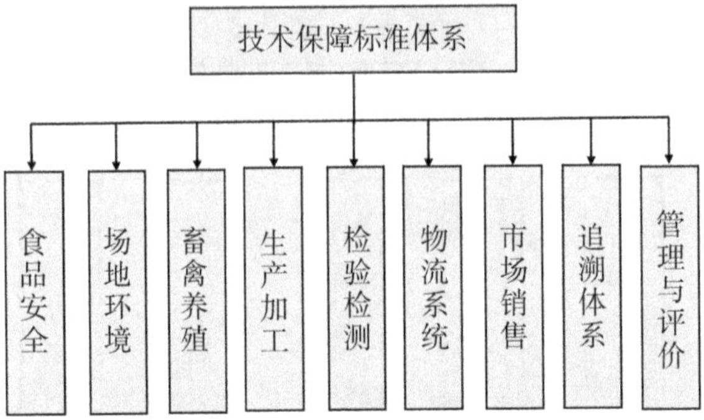

图 3-3 技术保障标准体系结构图

表 3-2 技术保障标准体系明细表

序号	分类	标准编号	标准名称	标准级别
1	食品安全	GB 14881—2013	食品生产通用卫生规范	国家标准
2		GB 31621—2014	食品经营过程卫生规范	国家标准
3		GB 2761—2017	食品中真菌毒素限量	国家标准
4		GB 2762—2017	食品污染物限量	国家标准
5		GB 2763—2019	食品中农药最大残留限量	国家标准
6		GB 29921—2013	食品中致病菌限量	国家标准
7		GB 5009（系列标准）	食品中相关物质的测定	国家标准
8		GB 4789（系列标准）	食品微生物学检验	国家标准
9		GB/T 20014.6—2013	良好农业规范 第6部分：畜禽基础控制点与符合性规范	国家标准
10		GB/T 20014.7—2013	良好农业规范 第7部分：牛羊控制点与符合性规范	国家标准
11		GB/T 20014.8—2013	良好农业规范 第8部分：奶牛控制点与符合性规范	国家标准

续表 1

序号	分类	标准编号	标准名称	标准级别
12	产地环境	GB/T 19525. 2—2004	畜禽场环境质量评价准则	国家标准
13		GB/T 41441. 1—2022	规模化畜禽场良好生产环境　第 1 部分：场地要求	国家标准
14		GB/T 41441. 2—2022	规模化畜禽场良好生产环境　第 2 部分：畜禽舍技术要求	国家标准
15		GB/T 16568—2006	奶牛场卫生规范	国家标准
16		NY/T 2149—2012	农产品产地安全质量适宜性评价技术规范	行业标准（农业）
17		NY/T 2150—2012	农产品产地禁止生产区划分技术指南	行业标准（农业）
18		NY/T 5295—2015	无公害农产品产地环境评价准则	行业标准（农业）
19		HJ/T 332—2006	食用农产品产地环境质量评价标准	行业标准（环保）
20	畜禽养殖	NY/T 3075—2017	畜禽养殖场消毒技术	行业标准（农业）
21		RB/T 165. 2—2018	有机产品产地环境适宜性评价技术规范　第 2 部分：畜禽养殖	行业标准（认证认可）
22		DB43/T 1378—2017	两型家禽养殖	地方标准（湖南）

续表 2

序号	分类	标准编号	标准名称	标准级别
23	生产加工	NY/T 5030—2016	无公害农产品　兽药使用准则	行业标准（农业）
24	质量控制	GB/T 30763—2014	农产品质量分级导则	国家标准
25		GB/T 35395—2017	农产品质量安全检测移动实验室通用技术规范	国家标准
26		NY/T 2242—2012	农业部农产品质量安全监督检验检测中心建设标准	行业标准（农业）
27		NY/T 2243—2012	省级农产品质量安全监督检验检测中心建设标准	行业标准（农业）
28		NY/T 2244—2012	地市级农产品质量安全监督检验检测机构建设标准	行业标准（农业）
29		NY/T 2245—2012	县级农产品质量安全监督检测机构建设标准	行业标准（农业）
30		NY/T 2298—2013	农产品质量安全检测员	行业标准（农业）
31		NY/T 2798.1—2015	无公害农产品生产质量安全控制技术规范　第 1 部分：通则	行业标准（农业）
32		SB/T 10919—2012	农产品批发市场检测室技术规范	行业标准（商务）

续表 3

序号	分类	标准编号	标准名称	标准级别
33	检疫检验	GB/T 40835—2021	畜禽饲料安全评价　反刍动物饲料瘤胃降解率测定牛饲养试验技术规程	国家标准
34		NY 467—2001	畜禽屠宰卫生检疫规范	行业标准（农业）
35	物流系统	GB/T 29372—2012	食用农产品保鲜贮藏管理规范	国家标准
36		GB/T 36080—2018	条码技术在农产品冷链物流过程中的应用规范	国家标准
37	市场销售	GB/T 19220—2003	农副产品绿色批发市场	国家标准
38		GB/T 19221—2003	农副产品绿色零售市场	国家标准
39		GB/T 19575—2004	农产品批发市场管理技术规范	国家标准
40		GB/T 22502—2008	超市销售生鲜农产品基本要求	国家标准
41		GB/T 31738—2015	农产品购销基本信息描述总则	国家标准
42		GB/T 35873—2018	农产品市场信息采集与质量控制规范	国家标准
43		DB43/T 554.1—2010	食用农产品连锁商店通用管理规范　第 1 部分：食用农产品连锁综合商店	地方标准（湖南）

续表 4

序号	分类	标准编号	标准名称	标准级别
44	市场销售	DB43/T 554.2—2010	食用农产品连锁商店通用管理规范　第 2 部分：食用农产品连锁专业商店	地方标准（湖南）
45		DB43/T 554.3—2010	食用农产品连锁商店通用管理规范　第 3 部分：食用农产品连锁品牌专卖店	地方标准（湖南）
46		DB43/T 916—2014	初级食用农产品连锁配送通用管理规范	地方标准（湖南）
47	追溯体系	GB/T 32950—2016	鲜活农产品标签标识	国家标准
48		GB/T 37060—2018	农产品流通信息管理技术通则	国家标准
49		NY/T 1430—2007	农产品产地编码规则	行业标准（农业）
50		NY/T 1431—2007	农产品追溯编码导则	行业标准（农业）
51		NY/T 2137—2012	农产品市场信息分类与计算机编码	行业标准（农业）
52		NY/T 2138—2012	农产品全息市场信息采集规范	行业标准（农业）
53		NY/T 2531—2013	农产品质量追溯信息交换接口规范	行业标准（农业）
54	管理与评价	GB/T 26407—2011	初级农产品安全区域化管理体系要求	国家标准

续表 5

序号	分类	标准编号	标准名称	标准级别
55	管理与评价	GB/T 31045—2014	品牌价值评价　农产品	国家标准
56		NY/T 2714—2015	农产品等级规格评定技术规范　通则	行业标准（农业）
57		NY/T 5341—2017	无公害农产品　认定认证现场检查规范	行业标准（农业）
58		GH/T 1078—2012	农产品购销网络运营规范	供销合作总社
59		GH/T 1088—2013	农产品供应商评价规范	供销合作总社
60		RB/T 152—2016	出口作物类农产品监管链评价要求	行业标准（认证）
61		QX/T 486—2019	农产品气候品质认证技术规范	行业标准（气象）

三、特色品种产业标准体系

草食动物特色品种产业标准体系分两层，第一层是草食畜禽通用标准、草食鱼类通用标准和配套的草业标准，第二层是由肉牛、奶牛、山羊、肉兔、鹅、草食鱼类等 6 大类特色品种产业的标准所组成，见图 3－4。

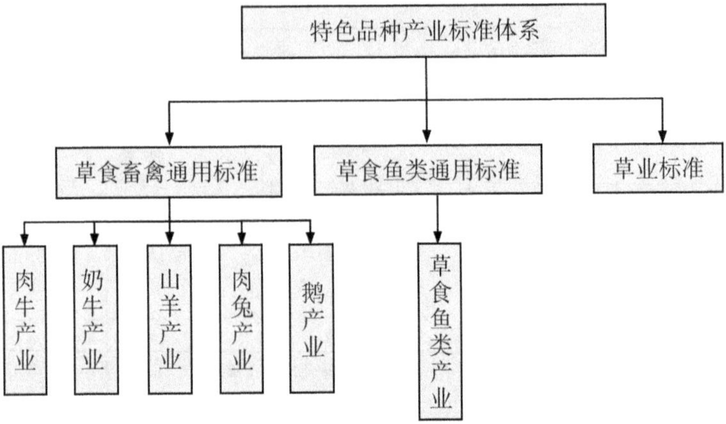

图 3-4　特色品种产业标准体系结构图

1. 草食畜禽通用标准

湖南省养殖的草食畜禽品种主要包括肉牛（湘西黄牛、湘南黄牛、滨湖水牛、西门塔尔牛、安格斯牛、新晃黄牛）、奶牛（中国荷斯坦奶牛、娟姗牛）、山羊（湘东黑山羊、马头山羊、努比亚山羊、四川黑山羊）、鹅（溆浦鹅、酃县白鹅、武冈铜鹅、朗德鹅）、兔（九嶷山兔）等。

草食畜禽通用标准包括草食畜禽相关的术语和词汇、编码、代码、符号等通用基础，以及饲养养殖生产加工、设施设备、产品标准、物流储藏、管理与评价等通用技术相关国家、行业标准。草食畜禽相关通用标准明细表见表 3-3。

表 3-3　草食畜禽相关通用标准明细表

序号	分类	标准编号	标准名称	标准级别
1	通用基础	GB/T 19525.1—2004	畜禽环境术语	国家标准
2		GB/T 25171—2010	畜禽养殖废弃物管理术语	国家标准

续表 1

序号	分类	标准编号	标准名称	标准级别
3	通用基础	NY/T 3224—2018	畜禽屠宰术语	国家标准
4		NY/T 3383—2018	畜禽产品包装与标识	行业标准（农业）
5		NY/T 3387—2018	病害畜禽及其产品无害化处理人员技能要求	国家标准
6	饲养养殖	GB 18596—2001	畜禽养殖业污染物排放标准	国家标准
7		GB/T 25169—2010	畜禽粪便监测技术规范	国家标准
8		GB/T 25170—2010	畜禽基因组 BAC 文库构建与保存技术规程	国家标准
9		GB/T 25246—2010	畜禽粪便还田技术规范	国家标准
10		GB/T 26622—2011	畜禽粪便农田利用环境影响评价准则	国家标准
11		GB/T 27534.9—2011	畜禽遗传资源调查技术规范　第 9 部分：家禽	国家标准
12		GB/T 26623—2011	畜禽舍纵向通风系统设计规程	国家标准
13		GB/T 26624—2011	畜禽养殖污水贮存设施设计要求	国家标准
14		GB/T 27522—2011	畜禽养殖污水采样技术规范	国家标准

续表 2

序号	分类	标准编号	标准名称	标准级别
15	饲养养殖	GB/T 27622—2011	畜禽粪便贮存设施设计要求	国家标准
16		GB/T 36177—2018	畜禽品种标准编制导则 家禽	国家标准
17		GB/T 36195—2018	畜禽粪便无害化处理技术规范	国家标准
18		NY/T 391—2021	绿色食品 产地环境	行业标准（农业）
19		NY/T 472—2022	绿色食品 兽药使用准则	行业标准（农业）
20		NY/T 1167—2006	畜禽场环境质量及卫生控制规范	行业标准（农业）
21		NY/T 1168—2006	畜禽粪便无害化处理技术规范	行业标准（农业）
22		NY/T 1169—2006	畜禽场环境污染控制技术规范	行业标准（农业）
23		NY/T 1334—2007	畜禽粪便安全使用准则	行业标准（农业）
24		NY/T 1569—2007	畜禽养殖场质量管理体系建设通则	行业标准（农业）
25		NY/T 1755—2009	畜禽舍通风系统技术规程	行业标准（农业）

续表 3

序号	分类	标准编号	标准名称	标准级别
26	饲养养殖	NY/T 1892—2010	绿色食品　畜禽饲养防疫准则	行业标准（农业）
27		NY/T 1900—2010	畜禽细胞与胚胎冷冻保种技术规范	行业标准（农业）
28		NY/T 2443—2013	种畜禽性能测定中心建设标准	行业标准（农业）
29		NY/T 3023—2016	畜禽粪污处理场建设标准	行业标准（农业）
30		NY/T 3075—2017	畜禽养殖场消毒技术	行业标准（农业）
31		NY/T 3442—2019	畜禽粪便堆肥技术规范	行业标准（农业）
32		NY/T 388—1999	畜禽场环境质量标准	行业标准（农业）
33		NY 5027—2008	无公害食品　畜禽饮用水水质	行业标准（农业）
34		NY 5028—2008	无公害食品　畜禽产品加工用水水质	行业标准（农业）
35	生产加工	GB 12694—2016	食品安全国家标准　畜禽屠宰加工卫生规范	国家标准
36		GB/T 18526.5—2001	熟畜禽肉类辐照杀菌工艺	国家标准
37		NY 5032—2006	无公害食品　畜禽饲料和饲料添加剂使用准则	行业标准（农业）

续表 4

序号	分类	标准编号	标准名称	标准级别
38	生产加工	SB/T 10352—2003	畜禽屠宰加工实验室检验基本要求	行业标准（商业）
39		SB/T 10456—2008	畜禽屠宰加工设备通用技术条件	行业标准（商业）
40		SB/T 10823—2012	畜禽肉制品加工中使用非肉类蛋白质制品导则	行业标准（商业）
41	设施设备	GB/T 27519—2011	畜禽屠宰加工设备通用要求	国家标准
42		GB/T 28740—2012	畜禽养殖粪便堆肥处理与利用设备	国家标准
43		JB/T 12364—2015	肉类加工机械畜禽肉分割线	行业标准（机械）
44		NY 467—2001	畜禽屠宰卫生检疫规范	行业标准（农业）
45		NY/T 1144—2006	畜禽粪便干燥机质量评价技术规范	行业标准（农业）
46		NY/T 2600—2014	规模化畜禽养殖场沼气工程设备选型技术规范	行业标准（农业）
47		NY/T 2798.12—2015	无公害农产品　生产质量安全控制技术规范　第 12 部分：畜禽屠宰	行业标准（农业）
48		NY/T 3119—2017	畜禽粪便固液分离机质量评价技术规范	行业标准（农业）

续表 5

序号	分类	标准编号	标准名称	标准级别
49	设施设备	NY/T 3367—2018	畜禽屠宰加工设备切割机	行业标准（农业）
50		NY/T 3368—2018	畜禽屠宰加工设备分割输送机	行业标准（农业）
51		NY/T 3369—2018	畜禽屠宰加工设备自动下降机	行业标准（农业）
52		NY/T 3373—2018	病害畜禽及产品焚烧设备	行业标准（农业）
53		NY/T 54—1987	畜禽防疫车	行业标准（农业）
54		NY/T 682—2003	畜禽场场地设计技术规范	行业标准（农业）
55	产品标准	NY/T 1513—2017	绿色食品　畜禽可食用副产品	行业标准（农业）
56		NY/T 843—2015	绿色食品　畜禽肉制品	行业标准（农业）
57	物流储藏	GB 20799—2016	肉和肉制品经营卫生规范	国家标准
58		GB/T 28640—2012	畜禽肉冷链运输管理技术规范	国家标准
59		GB 2726—2016	食品安全国家标准　熟肉制品	国家标准
60		GB 2730—2015	食品安全国家标准　腌腊肉制品	国家标准

续表 6

序号	分类	标准编号	标准名称	标准级别
61	物流储藏	NY/T 2534—2013	生鲜畜禽肉冷链物流技术规范	行业标准（农业）
62		NY/T 3225—2018	畜禽屠宰冷库管理规范	行业标准（农业）
63		NY/T 3407—2018	畜禽产品流通卫生操作技术规范	行业标准（农业）
64		NY/T 3408—2018	鲜（冻）畜禽产品专卖店管理规范	行业标准（农业）
65		SB/T 10731—2012	易腐食品冷藏链操作规范 畜禽肉	行业标准（商业）
66		SB/T 10888—2012	畜禽肉批发交易规程	行业标准（商业）
67	管理与评价	GB/T 19525.2—2004	畜禽场环境质量评价准则	国家标准
68		GB/T 20014.11—2005	良好农业规范　第 11 部分：畜禽公路运输控制点与符合性规范	国家标准
69		GB/T 20014.6—2013	良好农业规范　第 6 部分：畜禽基础控制点与符合性规范	国家标准
70		GB/T 20401—2006	畜禽肉食品绿色生产线资质条件	国家标准
71		GB/T 20402—2006	超市鲜、冻畜禽产品准入技术要求	国家标准

续表 7

序号	分类	标准编号	标准名称	标准级别
72	管理与评价	GB/T 20551—2006	畜禽屠宰 HACCP 应用规范	国家标准
73		GB/T 24862—2010	畜禽体细胞库检测技术规程	国家标准
74		GB/T 24863—2010	畜禽细胞体外培养与冷冻保存技术规程	国家标准
75		GB/T 25168—2010	畜禽 cDNA 文库构建与保存技术规程	国家标准
76		GB/Z 31813—2015	饲料原料和饲料添加剂畜禽靶动物有效性评价试验技术指南	国家标准
77		GB/T 37061—2018	畜禽肉质量分级导则	国家标准
78		NY/T 1221—2006	规模化畜禽养殖场沼气工程运行、维护及其安全技术规程	行业标准（农业）
79		NY/T 1222—2006	规模化畜禽养殖场沼气工程设计规范	行业标准（农业）
80		NY/T 2599—2014	规模化畜禽养殖场沼气工程验收规范	行业标准（农业）
81		NY/T 2957—2016	畜禽批发市场兽医卫生规范	行业标准（农业）
82		NY/T 3227—2018	屠宰企业畜禽及其产品抽样操作规范	行业标准（农业）

续表 8

序号	分类	标准编号	标准名称	标准级别
83	管理与评价	NY/T 3228—2018	畜禽屠宰企业信息系统建设与管理规范	行业标准（农业）
84		NY/T 5344.6—2006	无公害食品产品抽样规范 第6部分：畜禽产品	行业标准（农业）
85	疾病防治	NY/T 473—2016	绿色食品 畜禽卫生防疫准则	行业标准（农业）
86		NY/T 5339—2017	无公害农产品 畜禽防疫准则	行业标准（农业）
87		NY/T 3387—2018	病害畜禽及其产品无害化处理人员技能要求	行业标准（农业）
88		SN/T 0396—2011	进出口冷冻畜禽肉检验规程	行业标准（商检）

（1）肉牛产业标准分体系

湖南省养殖的肉牛品种主要有湘西黄牛（巫陵牛）、吉安牛、湘南黄牛、滨湖水牛、西门塔尔牛、安格斯牛等品种。肉牛、奶牛通用标准明细表见表 3-4，肉牛产业标准分体系明细表见表 3-5。

表 3-4 肉牛、奶牛通用标准明细表

序号	分类	标准编号	标准名称	标准级别
1	通用基础	NY/T 3389—2018	牛肉及牛副产品流通分类与代码	行业标准（农业）

续表 1

序号	分类	标准编号	标准名称	标准级别
2	饲养养殖	GB/T 26938—2011	牛胚胎生产技术规程	国家标准
3		GB/T 27534. 3—2011	畜禽遗传资源调查技术规范　第 3 部分：牛	国家标准
4		GB/T 30396—2013	牛冷冻精液包装、标签、贮存和运输	国家标准
5		GB/T 31581—2015	牛性控冷冻精液生产技术规程	国家标准
6		GB/T 37116—2018	后备奶牛饲养技术规范	国家标准
7		GB/T 37311—2019	秦川牛及其杂交后代生产性能评定	国家标准
8		NY/T 1178—2006	牧区牛羊棚圈建设技术规范	行业标准（农业）
9		NY/T 1234—2018	牛冷冻精液生产技术规程	行业标准（农业）
10		NY/T 1242—2006	奶牛场 HACCP 饲养管理规范	行业标准（农业）
11		NY/T 1335—2007	牛人工授精技术规程	行业标准（农业）
12		NY/T 1572—2007	牛胚胎移植技术规程	行业标准（农业）
13		NY/T 1674—2008	牛羊胚胎质量检测技术规程	行业标准（农业）

续表 2

序号	分类	标准编号	标准名称	标准级别
14	饲养养殖	NY/T 2443—2013	种畜禽性能测定中心建设标准奶牛	行业标准（农业）
15		NY/T 2967—2016	种牛场建设标准	行业标准（农业）
16	生产加工	GB/T 19477—2018	畜禽屠宰操作规程　牛	国家标准
17		GB/T 27643—2011	牛胴体及鲜肉分割	国家标准
18		GB/T 29392—2012	普通肉牛上脑、眼肉、外脊、里脊等级划分	国家标准
19		GB 51225—2017	牛羊屠宰与分割车间设计规范	国家标准
20		GB/T 9960—2008	鲜、冻四分体牛肉	国家标准
21		NY/T 2836—2015	肉牛胴体分割规范	行业标准（农业）
22		NY/T 3379—2018	牛肉分级	行业标准（农业）
23		NY/T 676—2010	牛肉等级规格	行业标准（农业）
24		QB 1363—1991	红烧牛肉罐头	行业标准（轻工）
25		QB/T 2784—2006	咸牛肉罐头	行业标准（轻工）

续表 3

序号	分类	标准编号	标准名称	标准级别
26	生产加工	QB/T 2788—2006	清蒸牛肉罐头	行业标准（轻工）
27		SB/T 08—2007	牛羊屠宰与分割车间设计规范	行业标准（商业）
28		SN/T 0424—1995	出口冻牛、羊副产品检验规程	行业标准（商检）
29		SN/T 4397—2015	出口食品中牦牛源性成分的检测方法实时荧光PCR法	行业标准（商检）
30	产品标准	GB/T 13214—2006	咸牛肉、咸羊肉罐头	国家标准
31		GB/T 17238—2008	鲜、冻分割牛肉	国家标准
32		GB 19166—2003	中国西门塔尔牛	国家标准
33		GB 19374—2003	夏洛来种牛	国家标准
34		GB 19375—2003	利木赞种牛	国家标准
35		GB/T 2415 2008	南阳牛	国家标准
36		GB/T 27986—2011	摩拉水牛种牛	国家标准
37		GB/T 29390—2012	夏南牛	国家标准
38		GB/T 32133—2015	延边牛	国家标准
39		GB 5797—2003	秦川牛	国家标准
40		GB/T 5946—2010	三河牛	国家标准
41	设施设备	NY/T 3375—2018	牛剥皮机	行业标准（农业）
42		NY/T 3376—2018	牛步进式输送机	行业标准（农业）

续表 4

序号	分类	标准编号	标准名称	标准级别
43	设施设备	NY/T 3377—2018	牛胴体劈半锯	行业标准（农业）
44		NY/T 3378—2018	牛击晕机	行业标准（农业）
45		NY 530—2002	牛、羊用采精器	行业标准（农业）
46		NYT 730—2003	牛胃取铁器	行业标准（农业）
47	管理与评价	GB/T 20014.7—2013	良好农业规范　第 7 部分：牛羊控制点与符合性规范	国家标准
48		GB/T 20014.8—2013	良好农业规范　第 8 部分：奶牛控制点与符合性规范	国家标准
49		SB/T 10364—2012	牛屠宰分割安全产品质量认证评审准则	行业标准（商业）
50		SB/T 10367—2003	牛干制品安全产品质量认证评审准则	行业标准（商业）
51		SN/T 3774—2014	牛的饲养、运输、屠宰动物福利规范	行业标准（商业）
52	动物防疫	GB/T 39602—2020	牛结节性皮肤病诊断技术	国家标准
53		GB/T 18649—2014	牛传染性胸膜肺炎诊断技术	国家标准

续表 5

序号	分类	标准编号	标准名称	标准级别
54	动物防疫	GB/T 18637—2018	牛病毒性腹泻/粘膜病诊断技术规范	国家标准
55		GB/T 27530—2011	牛出血性败血病诊断技术	国家标准
56		GB/T 22330.8—2008	无规定动物疫病区标准 第 8 部分：无牛传染性胸膜肺炎区	国家标准
57		GB/T 32945—2016	牛结核病诊断体外检测 γ 干扰素法	国家标准

表 3-5 肉牛产业标准分体系明细表

序号	分类	标准编号	标准名称	标准状态	标准类别
1	品种	GB/T 27534.3—2011	畜禽遗传资源调查技术规范 第 3 部分：牛	实施	国家标准
2		GB/T 19375—2003	利木赞种牛	实施	国家标准
3		DB43/T 327—2006	湘南黄牛	修订	地方标准
4		DB43/T 258—2005	滨湖水牛	修订	地方标准
5		DB43/T 224—2004	湘西黄牛	修订	地方标准
6	繁育	GB/T 41194—2021	肉用母牛体况评分技术规范	实施	国家标准
7		GB/T 30396—2013	牛冷冻精液包装、标签、贮存和运输	实施	国家标准
8		GB/T 31581—2015	牛性控冷冻精液生产技术规程	实施	国家标准

续表1

序号	分类	标准编号	标准名称	标准状态	标准类别
9	繁育	GB/T 26938—2011	牛胚胎生产技术规程	实施	国家标准
10		NY/T 1234—2018	牛冷冻精液生产技术规程	实施	行业标准
11		NY/T 1335—2007	牛人工授精技术规程	实施	行业标准
12		NY/T 2660—2014	肉牛生产性能测定技术规范	实施	行业标准
13		DB43/T 1935—2020	湘西黄牛同期发情定时输精技术规程	实施	地方标准
14		DB43/T 638—2011	肉牛性能测定技术规范	建议废除	地方标准
15		DB43/T 2473—2022	滨湖水牛人工授精技术规程	实施	地方标准
16		DB43/T 2477—2022	湘西黄牛生产性能测定技术规程	实施	地方标准
17		DB43/T 2479—2022	湘西黄牛种公牛选育技术规程	实施	地方标准
18			黄牛品改与人工授精技术规程	待编	地方标准
19			肉牛引种与调运技术规范	待编	地方标准
20			滨湖水牛生产性能测定技术规范	待编	地方标准

续表 2

序号	分类	标准编号	标准名称	标准状态	标准类别
21	繁育		滨湖水牛同期发情技术规范	待编	地方标准
22			湘西黄牛种公牛后裔测定技术规程	待编	地方标准
23	饲养管理	NY/T 2663—2014	标准化养殖场　肉牛	实施	行业标准
24		NY/T 815—2004	肉牛饲养标准	修订	行业标准
25		NY/T 1339—2007	肉牛育肥良好管理规范	实施	行业标准
26		NY/T 3798—2020	荷斯坦牛公犊育肥技术规程	实施	行业标准
27		SN/T 3774—2014	牛的饲养、运输、屠宰动物福利规范	实施	行业标准
28		DB43/T 191—2003	肉牛饲养技术规程	建议废除	地方标准
29		DB43/T 227—2004	湘西黄牛饲养管理技术规范	修订	地方标准
30		DB43/T 325—2006	滨湖水牛饲养技术规程	修订	地方标准
31		DB43/T 1512—2018	湘南黄牛饲养管理技术规程	修订	地方标准
32		DB43/T 906—2014	湘西黄牛能繁母牛饲养技术规程	实施	地方标准
33			绿色食品湘西黄牛养殖技术规程	待编	地方标准

续表 3

序号	分类	标准编号	标准名称	标准状态	标准类别
34	饲养管理		家庭农场肉牛自繁自养技术规范	待编	地方标准
35			西门塔尔杂交牛饲养技术规程	待编	地方标准
36			牛粪发酵与有机肥制作技术规程	待编	地方标准
37	动物营养	NY/T 2696—2015	饲草青贮技术规程　玉米	实施	行业标准
38		NY/T 2697—2015	饲草青贮技术规程　紫花苜蓿	实施	行业标准
39			湘西黄牛育肥配合饲料	待编	地方标准
40	动物防疫	DB43/T 2176—2021	湘西黄牛疫病防治技术规程	实施	地方标准
41		DB43/T 1829—2020	肉用牛羊养殖场兽药使用技术规程	实施	地方标准
42		DB43/T 527—2010	肉牛场防疫技术规范	修订	地方标准
43			肉牛养殖场寄生虫病防治技术规范	待编	地方标准
44			牛羊养殖场布鲁氏菌病诊断与净化技术规程	待编	地方标准
45	产品加工	GB/T 19477—2018	畜禽屠宰操作规程　牛	实施	国家标准
46		GB/T 27643—2011	牛胴体及鲜肉分割	实施	国家标准

续表 4

序号	分类	标准编号	标准名称	标准状态	标准类别
47	产品加工	GB/T 29392—2012	普通肉牛上脑、眼肉、外脊、里脊等级划分	实施	国家标准
48		GB/T 17238—2008	鲜、冻分割牛肉	实施	国家标准
49		NY/T 3389—2018	牛肉及牛副产品流通分类与代码	实施	国家标准
50		NY/T 2836—2015	肉牛胴体分割规范	实施	行业标准
51		NY/T 3379—2018	牛肉分级	实施	行业标准
52		NY/T 676—2010	牛肉等级规格	实施	行业标准
53		QB 1363—1991	红烧牛肉罐头	实施	行业标准
54			地理标志产品　湘西黄牛	待编	地方标准
55			地理标志产品　新晃黄牛肉	待编	地方标准
56			牛肉预制菜加工技术规范	待编	地方标准

（2）奶牛产业标准分体系

湖南省养殖的奶牛品种主要有中国荷斯坦奶牛、娟姗牛等。肉牛、奶牛通用标准明细表见表 3 - 4。奶牛产业分体系标准明细表见表3 - 6。

表 3 - 6　奶牛产业分体系标准明细表

序号	分类	标准编号	标准名称	标准状态	标准类别
1	品种	GB/T 3157—2008	中国荷斯坦牛	实施	国家标准
2		GB/T 35568—2017	中国荷斯坦牛体型鉴定技术规程	实施	国家标准

续表 1

序号	分类	标准编号	标准名称	标准状态	标准类别
3	品种		娟姗奶牛	待编	行业标准
4	繁育	NY/T 1335—2007	牛人工授精技术规程	实施	行业标准
5		NY/T 3646—2020	奶牛性控冻精人工授精技术规范	实施	行业标准
6		NY/T 2443—2013	种畜禽性能测定中心建设标准奶牛	实施	行业标准
7		NY/T 1445—2007	奶牛胚胎移植技术规程	实施	行业标准
8		NY/T 1450—2007	中国荷斯坦牛生产性能测定技术规范	实施	行业标准
9		DB43/T 684—2012	奶牛性能测定技术规程	实施	地方标准
10		DB43/T 2178—2021	奶牛生产性能测定技术规范	实施	行业标准
11			奶牛引种与调运技术规程	待编	行业标准
12	饲养管理	GB/T 37116—2018	后备奶牛饲养技术规范	实施	国家标准
13		NY/T 1567—2007	标准化奶牛场建设规范	实施	行业标准
14		NY/T 14—2021	高产奶牛饲养管理规范	实施	行业标准
15		NY/T 34—2004	奶牛饲养标准	实施	行业标准
16		NY/T 1242—2006	奶牛场 HACCP 饲养管理规范	实施	行业标准
17		NY/T 1450—2007	中国荷斯坦牛生产性能测定技术规范	实施	行业标准

续表 2

序号	分类	标准编号	标准名称	标准状态	标准类别
18	饲养管理	NY/T 2079—2011	标准化奶牛养殖小区项目建设规范	实施	行业标准
19		NY/T 2363—2013	奶牛热应激评价技术规范	实施	行业标准
20		NY/T 2662—2014	标准化养殖场奶牛	实施	行业标准
21		DB43/T 2153—2021	娟姗奶牛饲养管理技术规范	实施	地方标准
22		DB43/T 1416—2018	奶牛全混合日粮配制与饲喂技术规程	实施	地方标准
23		DB43/T 1054—2015	围产期奶牛饲养管理技术规程	实施	地方标准
24		DB43/T 884—2014	中国荷斯坦奶牛繁殖技术规程	实施	地方标准
25		DB43/T 783—2013	奶牛饲养场建设规范	实施	地方标准
26		DB43/T 364　2007	奶牛饲养场防疫技术规范	实施	地方标准
27		DB43/T 257—2005	南方奶牛饲养管理技术规程	实施	地方标准
28		DB43/T 2480—2022	荷斯坦育成牛饲养管理规范	实施	地方标准
29			南方奶牛放牧饲养管理规范	待编	地方标准
30			荷斯坦奶牛犊牛饲养管理规范	待编	地方标准
31			荷斯坦奶牛冬季饲养管理技术规范	待编	地方标准

续表 3

序号	分类	标准编号	标准名称	标准状态	标准类别
32	动物营养	NY/T 1245—2006	奶牛用精饲料	实施	行业标准
33		NY/T 3049—2016	奶牛全混合日粮生产技术规程	实施	行业标准
34		NY/T 2696—2015	饲草青贮技术规程　玉米	实施	行业标准
35		NY/T 2697—2015	饲草青贮技术规程　紫花苜蓿	实施	行业标准
36	动物防疫	GB/T 16568—2006	奶牛场卫生规范	实施	国家标准
37		GB/T 20804—2006	奶牛饲养场防疫技术规范	实施	国家标准
38		NY/T 2692—2015	奶牛隐性乳房炎快速诊断技术	实施	行业标准
39		NY/T 3191—2018	奶牛酮病诊断及群体风险监测技术	实施	行业标准
40		NY/T 1467—2007	奶牛布鲁氏菌病 PCR 诊断技术	实施	行业标准
41			奶牛结核病监测净化技术规程	待编	地方标准
42	加工生产	T/DAC 004—2017	学生饮用奶　纯牛奶	实施	中国奶业协会团体标准
43			鲜牛奶储藏与运输技术规程	待编	地方标准

（3）山羊产业标准分体系

山羊包括肉山羊和奶山羊。湖南省养殖的山羊主要有湘东黑山羊、马头山羊、努比亚山羊、四川黑山羊、莎能奶山羊和阿尔卑斯奶山羊等品种。山羊产业标准分体系明细表见表3－7，湘东黑山羊标准子体系明细表见表 3－8。

表 3－7　山羊产业标准分体系明细表

序号	分类	标准编号	标准名称	标准状态	标准类别
1	品种	GB/T 22912－2008	马头山羊	待修	国家标准
2		NY 810－2004	湘东黑山羊	待修	行业标准
3		NY 809－2004	南江黄羊	待修	行业标准
4	繁育	GB/T 26939－2011	种羊鉴定术语、项目与符号	实施	国家标准
5		GB 20557－2006	山羊冷冻精液	实施	国家标准
6		GB/T 27534.5—2011	畜禽遗传资源调查技术规范　第 5 部分：山羊	实施	国家标准
7		NY/T 3186－2018	羊冷冻精液生产技术规程	实施	行业标准
8		NY/T 816－2004	肉羊饲养标准	实施	行业标准
9		NY/T 1236－2006	绵、山羊生产性能测定技术规范	实施	行业标准
10		NY/T 1571－2007	羊胚胎移植技术规程	实施	行业标准
11		NY/T 1674－2008	牛羊胚胎质量检测技术规程	实施	行业标准
12		NY/T 1872－2010	种羊遗传评估技术规范	实施	行业标准
13		NY/T 3453－2019	家畜遗传资源保种场保种技术规范　第 4 部分：绵羊、山羊	实施	行业标准

续表 1

序号	分类	标准编号	标准名称	标准状态	标准类别
14	繁育	NY/T 1250—2006	南江黄羊繁育技术规程	实施	行业标准
15		DB43/T 2330—2022	奶山羊生产性能测定技术规程	实施	地方标准
16		DB43/T 1764—2020	湘东黑山羊繁育技术规程	实施	地方标准
17		DB43/T 2221—2021	湘东黑山羊羔羊早期断奶技术规程	实施	地方标准
18		DB43/T 1518—2018	肉用种山羊性能测定技术规程	实施	地方标准
19		DB43/T 2410—2022	湘东黑山羊种羊选育技术规范	实施	地方标准
20		DB43/T 794—2013	肉羊性能测定技术规程	实施	地方标准
21		DB43/T 2474—2022	湘东黑山羊冷冻精液生产技术规程	实施	地方标准
22		DB43/T 2476—2022	湘东黑山羊同期发情定时输精技术规程	实施	地方标准
23	饲养管理	NY/T 2169—2012	种羊场建设标准	实施	行业标准
24		NY/T 2665—2014	标准化养殖场　肉羊	实施	行业标准
25		NY/T 3647—2020	草食家畜羊单位换算	实施	行业标准
26		NY/T 1178—2006	牧区牛羊棚圈建设技术规范	实施	行业标准
27		NY/T 1249—2006	南江黄羊饲养技术规程	实施	行业标准
28		NY/T 2835—2015	奶山羊饲养管理技术规范	实施	行业标准

续表 2

序号	分类	标准编号	标准名称	标准状态	标准类别
29	饲养管理	NY/T 3052—2016	舍饲肉羊饲养管理技术规范	实施	行业标准
30		DB43/T 1068—2015	规模山羊场建设规范	实施	地方标准
31		DB43/T 1527—2018	湘东黑山羊饲养管理技术规范	实施	地方标准
32		DB43/T 546—2010	马头山羊饲养管理技术规范	修订	地方标准
33		DB43/T 357—2007	湘东黑山羊饲养管理技术规范	修订	地方标准
34			奶山羊生态养殖技术规程	待编	地方标准
35			家庭农场山羊自繁自养技术规范	待编	地方标准
36			湘东黑山羊舍饲育肥技术规范	待编	地方标准
37			绿色食品　湘东黑山羊养殖技术规程	待编	地方标准
38	动物营养	NY/T 2999—2016	羔羊代乳料	实施	行业标准
39		NY/T 1344—2007	山羊用精饲料	实施	行业标准
40			湘东黑山羊配合饲料	待编	地方标准
41		GB/T 19526—2004	羊寄生虫病防治技术规范	实施	国家标准

续表 3

序号	分类	标准编号	标准名称	标准状态	标准类别
42	动物防疫	GB/T 34720—2017	山羊接触传染性胸膜肺炎诊断技术	实施	国家标准
43		NY/T 908—2004	羊干酪样淋巴结炎诊断技术	实施	行业标准
44		NY/T 1470—2007	羊螨病（痒螨/疥螨）诊断技术	实施	行业标准
45		NY/T 1465—2007	牛羊胃肠道线虫检查技术	实施	行业标准
46		NY/T 1947—2010	羊外寄生虫药浴技术规范	实施	行业标准
47		NY/T 3235—2018	羊传染性脓疱诊断技术	实施	行业标准
48		NY/T 3467—2019	牛羊饲养场兽医卫生规范	实施	行业标准
49		NY/T 1468—2007	丝状支原体山羊亚种检测方法	实施	行业标准
50		NY/T 576—2002	绵羊痘和山羊痘诊断技术	实施	行业标准
51		NY/T 3465—2019	山羊关节炎脑炎诊断技术	实施	行业标准
52		DB43/T 1528—2018	山羊寄生虫病防制技术规程	实施	地方标准
53		DB43/T 1196—2016	规模山羊场免疫技术规程	实施	地方标准
54		DB43/T 2411—2022	湘东黑山羊养殖场小反刍兽疫净化技术规范	实施	地方标准
55		DB43/T 1421—2018	羊多头蚴病诊断技术规程	实施	地方标准
56		DB43/T 904—2014	羊球虫病诊断技术规程	实施	地方标准

续表 4

序号	分类	标准编号	标准名称	标准状态	标准类别
57	动物防疫		羊口疮病诊断与防治技术规程	待编	地方标准
58			山羊传染性胸膜炎检疫技术规程	待编	地方标准
59	产品加工	GB/T 20014.7—2013	良好农业规范　第 7 部分：牛羊控制点与符合性规范	实施	国家标准
60		NY/T 3469—2019	畜禽屠宰操作规程　羊	实施	行业标准
61		NY/T 1564—2007	羊肉分割技术规范	实施	行业标准
62		NY/T 2781—2015	羊胴体等级规格评定规范	实施	行业标准
63		NY/T 3050—2016	羊奶真实性鉴定技术规程	实施	行业标准
64			地理标志产品　湘东黑山羊	待编	地方标准
65			地理标志产品　壶天石羊	待编	地方标准
66			湘东黑山羊湘菜标准	待编	地方标准
67			湘东黑山羊预制菜加工技术规范	待编	地方标准

表 3-8　湘东黑山羊标准子体系明细表

序号	分类	标准编号	标准名称	标准状态	标准类别
1	品种	NY 810—2004	湘东黑山羊	待修	行业标准
2	繁育	GB/T 26939—2011	种羊鉴定术语、项目与符号	实施	国家标准
3		GB 20557—2006	山羊冷冻精液	实施	国家标准

续表 1

序号	分类	标准编号	标准名称	标准状态	标准类别
4	繁育	GB/T 27534.5—2011	畜禽遗传资源调查技术规范　第5部分：山羊	实施	国家标准
5		NY/T 3186—2018	羊冷冻精液生产技术规程	实施	行业标准
6		NY/T 816—2004	肉羊饲养标准	实施	行业标准
7		NY/T 1236—2006	绵、山羊生产性能测定技术规范	实施	行业标准
8		NY/T 1571—2007	羊胚胎移植技术规程	实施	行业标准
9		NY/T 1674—2008	牛羊胚胎质量检测技术规程	实施	行业标准
10		NY/T 1872—2010	种羊遗传评估技术规范	实施	行业标准
11		NY/T 3453—2019	家畜遗传资源保种场保种技术规范　第4部分：绵羊、山羊	实施	行业标准
12		DB43/T 1764—2020	湘东黑山羊繁育技术规程	实施	地方标准
13		DB43/T 2221—2021	湘东黑山羊羊羔早期断奶技术规程	实施	地方标准
14		DB43/T 1518—2018	肉用种山羊性能测定技术规程	实施	地方标准
15		DB43/T 2410—2022	湘东黑山羊种羊选育技术规范	实施	地方标准
16		DB43/T 794—2013	肉羊性能测定技术规程	实施	地方标准
17		DB43/T 2476—2022	湘东黑山羊同期发情定时输精技术规程	实施	地方标准
18		DB43/T 2474—2022	湘东黑山羊冷冻精液生产技术规程	实施	地方标准

续表 2

序号	分类	标准编号	标准名称	标准状态	标准类别
19	饲养管理	NY/T 2169—2012	种羊场建设标准	实施	行业标准
20		NY/T 2665—2014	标准化养殖场 肉羊	实施	行业标准
21		NY/T 3647—2020	草食家畜羊单位换算	实施	行业标准
22		NY/T 3052—2016	舍饲肉羊饲养管理技术规范	实施	行业标准
23		DB43/T 1068—2015	规模山羊场建设规范	实施	地方标准
24		DB43/T 1527—2018	湘东黑山羊饲养管理技术规范	实施	地方标准
25		DB43/T 357—2007	湘东黑山羊饲养管理技术规范	修订	地方标准
26		DB43/T 2491—2022	壶天石羊饲养管理技术规范	实施	地方标准
27			家庭农场山羊自繁自养技术规范	待编	地方标准
28			绿色食品湘东黑山羊养殖技术规程	待编	地方标准
29			湘东黑山羊舍饲育肥技术规范	待编	地方标准
30	动物营养	NY/T 2999—2016	羔羊代乳料	实施	行业标准
31		NY/T 1344—2007	山羊用精饲料	实施	行业标准
32			湘东黑山羊配合饲料	待编	地方标准

续表 3

序号	分类	标准编号	标准名称	标准状态	标准类别
33	动物防疫	GB/T 19526—2004	羊寄生虫病防治技术规范	实施	国家标准
34		GB/T 34720—2017	山羊接触传染性胸膜肺炎诊断技术	实施	国家标准
35		NY/T 908—2004	羊干酪样淋巴结炎诊断技术	实施	行业标准
36		NY/T 1470—2007	羊螨病（痒螨/疥螨）诊断技术	实施	行业标准
37		NY/T 1465—2007	牛羊胃肠道线虫检查技术	实施	行业标准
38		NY/T 1947—2010	羊外寄生虫药浴技术规范	实施	行业标准
39		NY/T 3235—2018	羊传染性脓疱诊断技术	实施	行业标准
40		NY/T 3467—2019	牛羊饲养场兽医卫生规范	实施	行业标准
41		NY/T 1468—2007	丝状支原体山羊亚种检测方法	实施	行业标准
42		NY/T 576—2002	绵羊痘和山羊痘诊断技术	实施	行业标准
43		NY/T 3465—2019	山羊关节炎脑炎诊断技术	实施	行业标准
44		DB43/T 1528—2018	山羊寄生虫病防制技术规程	实施	地方标准
45		DB43/T 1196—2016	规模山羊场免疫技术规程	实施	地方标准
46		DB43/T 2411—2022	湘东黑山羊养殖场小反刍兽疫净化技术规范	实施	地方标准
47		DB43/T 1421—2018	羊多头蚴病诊断技术规程	实施	地方标准
48		DB43/T 904—2014	羊球虫病诊断技术规程	实施	地方标准
49			羊口疮病诊断与防治技术规程	待编	地方标准

续表 4

序号	分类	标准编号	标准名称	标准状态	标准类别
50	产品加工	NY/T 3469—2019	畜禽屠宰操作规程　羊	实施	行业标准
51		NY/T 1564—2007	羊肉分割技术规范	实施	行业标准
52		NY/T 2781—2015	羊胴体等级规格评定规范	实施	行业标准
53			地理标志产品　湘东黑山羊	待编	地方标准
54			湘东黑山羊　湘菜标准	待编	地方标准
55			湘东黑山羊预制菜加工技术规范	待编	地方标准

（4）肉兔产业标准分体系

湖南省肉兔的地方品种有九嶷山兔，养殖的兔品种有獭兔、中国白兔等。兔的标准主要有饲养养殖、产品标准、生产加工等。肉兔产业标准分体系明细表见表 3－9。

表 3－9　肉兔产业标准分体系明细表

序号	分类	标准编号	标准名称	标准状态	标准类别
1	品种	DB43/T 358—2007	九嶷山兔	修订	地方标准（建议升为行业标准）
2	繁育	GB/T 27534.8—2011	畜禽遗传资源调查技术规范　第 8 部分：家兔	实施	国家标准
3		NY/T 3185—2018	家兔人工授精技术规程	实施	行业标准
4		NY/T 3456—2019	家畜遗传资源保种场保种技术规范　第 7 部分：家兔	实施	地方标准

续表 1

序号	分类	标准编号	标准名称	标准状态	标准类别
5	繁育	DB43/T 1075—2015	肉兔人工授精操作规程	建议废止	地方标准
6		DB43/T 1057—2015	肉兔生产性能测定技术规程	实施	地方标准
7	饲养管理	NY/T 2774—2015	种兔场建设标准	实施	地方标准
8		NY/T 2765—2015	獭兔饲养管理技术规范	实施	地方标准
9		DB43/T 711—2012	九嶷山兔饲养管理技术规程	修订	地方标准
10	动物营养	LS/T 3408—1995	肉兔配合饲料	实施	行业标准
11	动物防疫	NY/T 567—2017	兔出血性败血症诊断技术	实施	行业标准
12		NY/T 2959—2016	兔波氏杆菌病诊断技术	实施	行业标准
13	产品加工	GB/T 17239—2022	鲜、冻兔肉及副产品	实施	国家标准
14		NY/T 3470—2019	畜禽屠宰操作规程　兔	实施	行业标准
15		DB43/T 1362.13—2017	永州特色菜　第 13 部分：黄焖九嶷山兔	实施	地方标准

（5）鹅产业标准分体系

湖南省鹅地方品种资源丰富，有溆浦鹅、酃县白鹅、武冈铜鹅、道州灰鹅等品种，养殖的外来品种主要有朗德鹅等。鹅产业标准分体系明细表见表 3 - 10。

表 3 - 10 鹅产业标准分体系明细表

序号	分类	标准编号	标准名称	标准状态	标准类别
1	品种	GB/T 21677—2008	豁眼鹅	实施	国家标准
2		GB/T 24699—2009	四川白鹅	实施	国家标准
3		GB/T 26617—2011	皖西白鹅	实施	国家标准
4		GB/T 34735—2017	兴国灰鹅	实施	国家标准
5		GB/T 36178—2018	浙东白鹅	实施	国家标准
6		GB/T 36784—2018	扬州鹅	实施	国家标准
7		NY/T 3232—2018	太湖鹅	实施	行业标准
8		DB43/T 328—2006	酃县白鹅	修订	地方标准
9		DB43/T 329—2006	道州灰鹅	修订	地方标准
10		DB43/T 222—2004	武冈铜鹅	修订	地方标准（建议升为行业标准）
11		DB43/T 184—2003	溆浦鹅	修订	地方标准（建议升为行业标准）
12	繁育	GB/T 29388—2012	肉鹅生产性能测定技术规范	实施	国家标准
13		NY/T 3184—2018	肝用鹅生产性能测定技术规程	实施	行业标准
14		DB43/T 1531—2018	武冈铜鹅保种技术规程	实施	地方标准

续表 1

序号	分类	标准编号	标准名称	标准状态	标准类别
15	繁育	DB43/T 883—2014	朗德鹅孵化技术规程	实施	地方标准
16			武冈铜鹅繁育技术规程	待编	地方标准
17	饲养管理	DB43/T 1834.2—2020	地理标志产品 武冈卤铜鹅 第 2 部分：武冈铜鹅饲养技术规程	实施	地方标准
18		DB43/T 781—2013	朗德鹅饲养管理技术规程	修订	地方标准
19		DB43/T 640—2011	道州灰鹅饲养管理技术规程	修订	地方标准
20		DB43/T 541—2010	酃县白鹅饲养管理技术规程	修订	地方标准
21		DB43/T 326—2006	武冈铜鹅饲养技术规程	废除	地方标准
22			肉鹅网床养殖技术规程	在编	地方标准
23			绿色食品肉鹅养殖技术规程	待编	地方标准

续表 2

序号	分类	标准编号	标准名称	标准状态	标准类别
24	动物营养		武冈铜鹅配合饲料	待编	地方标准
25			溆浦鹅配合饲料	待编	地方标准
26	动物防疫	NY/T 560—2018	小鹅瘟诊断技术	实施	行业标准
27			鹅主要疾病防治技术规范	待编	地方标准
28			规模鹅场兽药使用技术规范	待编	地方标准
29	产品加工	DB43/T 1834.1 2020	地理标志产品 武冈卤铜鹅 第 1 部分：质量要求	实施	地方标准
30		DB43/T 1455—2018	地理标志产品 溆浦鹅	实施	地方标准
31			地理标志产品 酃县白鹅	待编	地方标准
32			地理标志产品 道州灰鹅	待编	地方标准
33			鹅肉湘菜标准	待编	地方标准

续表 3

序号	分类	标准编号	标准名称	标准状态	标准类别
34	产品加工		鹅 预制菜系列（鹅、鹅头、鹅胗、鹅肝、鹅蛋、鹅掌、鹅肉丸、鹅肉饭等）	待编	地方标准

2. 草食鱼类通用标准

湖南省草食鱼类主要包括草鱼和鳊鱼（长春鳊、三角鲂、团头鲂统称鳊鱼）。草食鱼类通用标准包括与草食鱼类相关的水产术语和词汇、编码、代码、符号等通用基础标准，以及饲养养殖、生产加工、质量控制、物流储藏、追溯体系等通用技术相关国家、行业标准和地方标准。

草食鱼类相关的水产通用标准明细表见表 3 - 11。

表 3 - 11　草食鱼类相关的水产通用标准明细

序号	分类	标准编号	标准名称	标准级别
1	通用基础	GB/T 22213—2008	水产养殖术语	国家标准
2		SC/T 1088—2007	水产养殖的量、单位和符号	行业标准（水产）
3		SC 3001—1989	水产及水产品分类与名称	行业标准（水产）
4		SC/T 2012—2002	水产品加工术语	行业标准（水产）
5		SC 1065—2003	养殖鱼类品种命名规则	行业标准（水产）

续表 1

序号	分类	标准编号	标准名称	标准级别
6	通用基础	SC/T 3035—2018	水产品包装、标识通则	行业标准（水产）
7	饲养养殖	GB 11607—1989	渔业水质标准	国家标准
8		GB/T 20014.13—2013	良好农业规范　第 13 部分：水产养殖基础控制点与符合性规范	国家标准
9		GB/T 20014.14—2013	良好农业规范　第 14 部分：水产池塘养殖基础控制点与符合性规范	国家标准
10		GB/T 20014.15—2013	良好农业规范　第 15 部分：水产工厂化养殖基础控制点与符合性规范	国家标准
11		GB/T 20014.16—2013	良好农业规范　第 16 部分：水产网箱养殖基础控制点与符合性规范	国家标准
12		GB/T 20014.17—2013	良好农业规范　第 17 部分：水产围拦养殖基础控制点与符合性规范	国家标准
13		GB 20941—2016	食品安全国家标准水产制品生产卫生规范	国家标准
14		GB/T 22339—2008	农、畜、水产品产地环境监测的登记、统计、评价与检索规范	国家标准
15		GB/T 34748—2017	水产种质资源基因组 DNA 的微卫星分析	国家标准

续表 2

序号	分类	标准编号	标准名称	标准级别
16	饲养养殖	NY/T 391—2021	绿色食品　产地环境质量	行业标准（农业）
17		NY/T 471—2018	绿色食品　饲料及饲料添加剂使用准则	行业标准（农业）
18		NY/T 755—2022	绿色食品　渔药使用准则	行业标准（农业）
19		NY/T 2170—2012	水产良种场建设标准	行业标准（农业）
20		NY/T 2798.13—2015	无公害农产品　生产质量安全控制技术规范　第 13 部分：养殖水产品	行业标准（农业）
21		NY/T 3490—2019	农业机械化水平评价　第 3 部分：水产养殖	行业标准（农业）
22		RB/T 165.3—2018	有机产品产地环境适宜性评价技术规范　第 3 部分：淡水水产养殖	行业标准（认证认可）
23		SC/T 0004—2006	水产养殖质量安全管理规范	行业标准（水产）
24		SC/T 1083—2007	诺氟沙星、恩诺沙星水产养殖使用规范	行业标准（水产）
25		SC/T 1084—2006	磺胺类药物水产养殖使用规范	行业标准（水产）
26		SC/T 1085—2006	四环素类药物水产养殖使用规范	行业标准（水产）

续表 3

序号	分类	标准编号	标准名称	标准级别
27	饲养养殖	SC/T 1116—2012	水产新品种审定技术规范	行业标准（水产）
28		SC/T 1137—2019	淡水养殖　水质调节用微生物制剂质量与使用原则	行业标准（水产）
29		SC/T 9101—2007	淡水池塘养殖水排放要求	行业标准（水产）
30		SC/T 1006—1992	淡水网箱养鱼通用技术要求	行业标准（水产）
31		SC/T 1007—1992	淡水网箱养鱼操作技术规程	行业标准（水产）
32		SC/T 1008—2012	淡水鱼苗种池塘常规培育技术规范	行业标准（水产）
33		SC/T 1075—2006	鱼苗、鱼种运输通用技术要求	行业标准（水产）
34		DB 43/221—2004	水生动物检疫规程	地方标准（湖南）
35		DB 43/365—2007	鱼类细菌性烂鳃病检疫技术规范	地方标准（湖南）
36		DB 43/366—2007	鱼类细菌性败血症检疫技术规范	地方标准（湖南）
37		DB43/T 634—2011	畜禽水产养殖档案记录规范	地方标准（湖南）
38		DB43/T 690.1—2012	水产健康养殖示范场建设规程　第1部分：池塘	地方标准（湖南）

续表 4

序号	分类	标准编号	标准名称	标准级别
39	生产加工	GB 10133—2014	食品安全国家标准　水产调味品	国家标准
40		GB 10136—2015	食品安全国家标准　动物性水产制品	国家标准
41		GB/Z 21702—2008	出口水产品质量安全控制规范	国家标准
42		GB/T 22487—2008	水产饲料安全性评价急性毒性试验规程	国家标准
43		GB/T 22488—2008	水产饲料安全性评价亚急性毒性试验规程	国家标准
44		GB/T 23186—2009	水产饲料安全性评价慢性毒性试验规程	国家标准
45		GB/T 23388—2009	水产饲料安全性评价残留和蓄积试验规程	国家标准
46		GB/T 23389—2009	水产饲料安全性评价繁殖试验规程	国家标准
47		GB/T 23390—2009	水产配合饲料环境安全性评价规程	国家标准
48		GB/T 27304—2008	食品安全管理体系　水产品加工企业要求	国家标准
49		GB 2733—2015	食品安全国家标准　鲜、冻动物性水产品	国家标准

续表 5

序号	分类	标准编号	标准名称	标准级别
50	生产加工	GB/Z 31812—2015	饲料原料和饲料添加剂水产靶动物有效性评价试验技术指南	国家标准
51		GB/T 34770—2017	水产品批发市场交易技术规范	国家标准
52		GB/T 37062—2018	水产品感官评价指南	国家标准
53		NY/T 1256—2006	冷冻水产品辐照杀菌工艺	行业标准（农业）
54		SC/T 3005—1988	水产品冻结操作技术规程	行业标准（水产）
55		NY/T 1056—2021	绿色食品　贮藏运输准则	行业标准（农业）
56		SC/T 3009—1999	水产品加工质量管理规范	行业标准（水产）
57	设施设备	GB/T 35941—2018	水产养殖增氧机检测规程	行业标准（水产）
58		SC/T 4045—2018	水产养殖网箱浮筒通用技术要求	行业标准（水产）
59		SC/T 6001.3—2011	渔业机械基本术语　第 3 部分：水产品加工机械	行业标准（水产）
60	产品标准	NY/T 1710—2009	绿色食品　水产调味品	行业标准（农业）
61		NY/T 1712—2018	绿色食品　干制水产品	行业标准（农业）

续表 6

序号	分类	标准编号	标准名称	标准级别
62	产品标准	NY/T 2976—2016	绿色食品　冷藏、速冻调制水产品	行业标准（农业）
63		NY/T 842—2021	绿色食品　鱼	行业标准（农业）
64	物流储藏	GB/T 24861—2010	水产品流通管理技术规范	国家标准
65		GB/T 26544—2011	水产品航空运输包装通用要求	国家标准
66		GB/T 31080—2014	水产品冷链物流服务规范	国家标准
67		GB/T 34767—2017	水产品销售与配送良好操作规范	国家标准
68		GB/T 36192—2018	活水产品运输技术规范	国家标准
69		NY/T 1056—2021	绿色食品　贮藏运输准则	行业标准（农业）
70		NY/T 658—2015	绿色食品　包装通用准则	行业标准（农业）
71		MH 1007—1997	水产品航空运输包装标准	行业标准（民航）
72		DB43/T 698—2012	水产品冷链物流技术与管理规范	地方标准（湖南）
73	追溯体系	GB/T 29568—2013	农产品追溯要求　水产品	国家标准
74		NY/T 3204—2018	农产品质量安全追溯操作规程　水产品	行业标准（农业）

续表 7

序号	分类	标准编号	标准名称	标准级别
75	追溯体系	SC/T 3043—2014	养殖水产品可追溯标签规程	行业标准（水产）
76		SC/T 3044—2014	养殖水产品可追溯编码规程	行业标准（水产）
77		SC/T 3045—2014	养殖水产品可追溯信息采集规程	行业标准（水产）
78	管理与评价	GB/T 19838—2005	水产品危害分析与关键控制点（HACCP）体系及其应用指南	国家标准
79		SB/T 10523—2009	水产品批发交易规程	行业标准（商业）
80		SB/T 11022—2013	鲜活水产品专卖店设置要求和管理规范	行业标准（商业）
81		SB/T 11032—2013	冷冻水产品购销技术规范	行业标准（商业）
82		SC/T 0003—2006	水产企业管理体系认证指南	行业标准（水产）
83		SC/T 1017—1995	池塘养鱼验收规则	行业标准（水产）
84		SC/T 1018—1995	网箱养鱼验收规则	行业标准（水产）
85	其他	LD/T 100—1997	水产防护服	行业标准（劳动）
86		LD/T 101—1997	水产防护裤	行业标准（劳动）

草食鱼类产业标准分体系

包括草食性鱼类相关的品种、繁育、饲养管理、动物营养、防疫、产品加工标准等。草食鱼类标准分体系明细表见表3－12。

表 3－12　草食鱼类标准分体系明细表

序号	分类	标准编号	标准名称	标准状态	标准类别
1	品种	GB 17715—1999	草鱼	实施	国家标准
2		GB/T 5055—2008	青鱼、草鱼、鲢、鳙亲鱼	实施	国家标准
3	繁育	GB 11776—2006	草鱼鱼苗、鱼种	实施	国家标准
4		GB 10030—2006	团头鲂鱼苗、鱼种	实施	国家标准
5		GB/T 15806—2006	青鱼、草鱼、鲢、鳙鱼卵受精率计算方法	实施	国家标准
6		SC/T 1021—2006	草鱼催产技术要求	实施	行业标准
7	饲养管理		绿色食品　草鱼生产技术规程	待编	行业标准
8			绿色食品　团头鲂生产技术规程	待编	行业标准
9			草鱼工厂化养殖技术规程	待编	地方标准
10			稻田草鱼种培育技术规程	待编	地方标准
11			脆肉鲩生产技术规程	待编	地方标准
12			池塘养殖尾水净化技术规程	待编	地方标准

续表

序号	分类	标准编号	标准名称	标准状态	标准类别
13	动物营养	SC/T 1024—2002	草鱼配合饲料	修订	行业标准
14			草鱼主要饲草栽培技术规程	待编	地方标准
15	动物防疫	DB 50/T 459—2012	草鱼出血病检疫技术规范	实施	地方标准
16		DB 43/T 700—2012	草鱼肠炎病检疫技术规程	实施	地方标准
17			草鱼主要疾病防治技术规范	待编	地方标准
18	产品加工	SC/T 3108—2011	鲜活青鱼、草鱼、鲢、鳙、鲤	实施	行业标准
19			草鱼预制菜加工技术规范	待编	地方标准

3. 草业标准

草食动物以饲草、牧草为食物来源，草食动物产业发展离不开草产业，可以说草业兴，则畜牧兴、渔业兴。湖南省栽培的主要牧草、饲草有黑麦草、矮象草、桂闽引象草、饲料玉米、大力士、牛鞭草、苜蓿草等。饲草标准主要包括栽种管理、储藏加工等。草业标准明细表见表 3－13。

表 3－13 草业标准明细表

序号	标准代号	标准名称	标准状态	标准类别
1	GB/T 40935—2021	青贮牧草膜	实施	国家标准
2	GB/T 25882—2010	青贮玉米品质分级	实施	国家标准

续表 1

序号	标准代号	标准名称	标准状态	标准类别
3	GB 10395.23—2010	农林机械　安全　第 23 部分：固定式圆形青贮窖卸料机	实施	国家标准
4	NY/T 1177—2006	牧区干草贮藏设施建设技术规范	实施	行业标准
5	NY/T 3131—2017	豆科牧草种子生产技术规程　红豆草	实施	行业标准
6	NY/T 3077—2017	少花蒺藜草综合防治技术规范	实施	行业标准
7	NY/T 1238—2006	牧草与草坪草种苗评定规程	实施	行业标准
8	NY/T 1235—2006	牧草与草坪草种子清选技术规程	实施	行业标准
9	NY/T 1210—2006	牧草与草坪草种子认证规程	实施	行业标准
10	NY/T 1310—2007	农作物种质资源鉴定技术规程　豆科牧草	实施	行业标准
11	NY/T 1684—2009	柱花草种子生产技术规程	实施	行业标准
12	NY/T 2127—2012	牧草种质资源田间评价技术规程	实施	行业标准
13	NY/T 2177—2012	农作物优异种质资源评价规范　豆科牧草	实施	行业标准

续表 2

序号	标准代号	标准名称	标准状态	标准类别
14	NY/T 2322—2013	草品种区域试验技术规程　禾本科牧草	实施	行业标准
15	NY/T 2767—2015	牧草病害调查与防治技术规程	实施	行业标准
16	NY/T 2834—2015	草品种区域试验技术规程　豆科牧草	实施	行业标准
17	NY/T 2696—2015	饲草青贮技术规程　玉米	实施	行业标准
18	NY/T 2697—2015	饲草青贮技术规程　紫花苜蓿	实施	行业标准
19	NY/T 3121—2017	青贮饲料包膜机质量评价技术规范	实施	行业标准
20	NY/T 3462—2019	全株玉米青贮霉菌毒素控制技术规范	实施	行业标准
21	NY/T 2771—2015	农村秸秆青贮氨化设施建设标准	实施	行业标准
22	NY/T 2698—2015	青贮设施建设技术规范　青贮窖	实施	行业标准
23	NY/T 2088—2011	玉米青贮收获机作业质量	实施	行业标准
24	DB43/T 2177—2021	桂闽引象草栽培技术规程	实施	地方标准
25	DB43/T 2476—2022	巴西红象草栽培技术规程	实施	地方标准

续表 3

序号	标准代号	标准名称	标准状态	标准类别
26		牛场稻草秸秆加工储藏与利用技术规范	待编	地方标准
27		牛场矮象草加工储藏与利用技术规范	待编	地方标准
28		南方苜蓿草栽培与加工利用技术规范	待编	地方标准

4. 草食动物标准体系明细统计

湖南省草食动物标准体系共由 528 项标准组成，其中基础通用标准 4 项，技术保障标准 58 项，肉牛标准 116 项，奶牛标准 99 项，山羊标准 67 项，肉兔标准 15 项，鹅标准 34 项，草食鱼类标准 104 项，草业标准 31 项，具体明细见表 3－14。

表 3－14 湖南省草食动物标准体系明细统计表 单位：项

标准子体系	现有标准数量			在编标准数量	待编标准数量	合计
	国家标准	行业标准	地方标准			
基础通用标准	2	2	0	0	0	4
技术保障标准	32	26	0	0	0	58
肉牛标准	40	42	17	0	17	116
奶牛标准	35	47	10	0	7	99
山羊标准	7	32	17	0	10	67
肉兔标准	2	8	5	0	0	15

续表

标准子体系	现有标准数量			在编标准数量	待编标准数量	合计
	国家标准	行业标准	地方标准			
鹅标准	7	3	13	0	11	34
草食鱼类标准	38	50	7	0	9	104
草业标准	3	23	2	0	3	31

第四章 湖南省主要草食动物制修订标准的建议

第一节 地方标准制修订的思路

一、原则与要求

为全面贯彻落实《国家标准化发展纲要》，加快构建推动高质量发展的湖南特色标准体系，按照《中华人民共和国标准化法》《地方标准管理办法》等有关规定，开展湖南省地方标准制修订。以习近平新时代中国特色社会主义思想为指导，深入实施《国家标准化发展纲要》“四个转变”的目标要求，立足新发展阶段、贯彻新发展理念、构建新发展格局，以高质量发展统揽全局，塑造新优势、培育新动能，着眼满足湖南省经济社会发展的标准需求，制定属于政府职责范围的公益类地方标准，控制地方标准制修订项目立项总数，建设服务高质量发展的新型“湖南标准体系”。

为满足湖南省地方自然条件、风俗习惯等特殊技术要求，可以在农业以及农村社会事业等领域申请制定地方标准。注重与现行法律法规及相关的国家、行业、地方标准协调配套，禁止通过制定产品质量及其检验方法地方标准等方式，利用地方标准实施妨碍商品、服务自由流通等排除、限制市场竞争的行为。

二、适应农业现代化的需要

党的二十大擘画了“全面建成社会主义现代化强国”新的宏伟蓝图，国家坚持农业农村优先发展，实施乡村振兴战略。乡村要振兴，产业必兴旺。坚持农业绿色、生态、高质量和可持续健康发展。重点在以下方面制修订地方标准。

一是品种标准。借第三次全国畜禽遗传资源普查开展新一轮生产性能测定的契机，加快修订湖南省草食畜禽地方品种标准，更新体尺、生长和繁殖性能等指标。

二是繁育标准。种业是农业的命门，种业兴，则产业兴。立项制订湖南省地方草食畜禽的保种技术规范以及人工授精、种蛋孵化等关键环节的技术规程。如针对鹅繁殖具有季节性的特点，制订反季节繁殖技术规程，用于科学指导湖南省养鹅的全年均衡生产。

三是绿色生态高效养殖模式标准。畜禽水产绿色食品生产是我们的短板和弱项，随着人们生活水平的提高，对产品的质量和安全性要求越来越高，草食动物以牧草饲草为食，具有生产绿色食品的天然优势，大力总结、提升和推广绿色生态高效养殖模式技术，将是促进湖南省养殖业供给侧结构性改革的重要举措。

四是动物营养标准。随着玉米、豆粕等大宗原料价格的不断攀升，充分开发利用地方性非粮饲料原料和饲草等资源是降低饲料成本的有效途径。“本地粮养本地畜”，在新形势下，进一步研究草食动物营养需要，饲料配方要降低鱼粉、豆粕等蛋白质饲料的含量。广开饲料来源，提高饲料的利用率，制订非粮饲料发酵提质、饲草青贮调制或颗粒化加工等饲用技术规程。

五是动物防疫。动物疫病防控关系到养殖的成败。要针对影响草食畜禽鱼的疫病，特别是病毒性疾病，加强免疫防制、中草药预防、致病性细菌病毒的净化，立项制订相关技术规程。

六是产品加工标准。产品加工是提高养殖产业经济效益、提高农民收入的重要举措，要使湖南由农业大省变为农业强省，农产品加工大有作为。而湖南省草食畜禽鱼产品的加工是短板弱项，在农产品初加工，湘菜、预制菜等产品加工方面出现一些新的机遇，如预制菜这一产业新业态方兴未艾，这将会为畜禽鱼产业发展带来新的发展动力。

第二节　建议修订的草食动物地方标准

一、《湘西黄牛》（DB43/T 224—2004）

修订理由：

湘西黄牛（巫陵牛）是国家保护优良地方品种。我国在2021—2023年开展全国第三次畜禽种质资源普查，对已有地方品种重新开展生产性能和繁殖性能测定。湖南地方标准《湘西黄牛》（DB43/T 224—2004）已经制定18年，受气候、饲养管理、农业机械化、引种、开发利用等因素影响，湘西黄牛的群体以及生产、利用、繁殖性能也发生了变化，因此建议结合第三次全国畜禽遗传资源普查结果和测量数据，对《湘西黄牛》（DB43/T 224—2004）进行修订，并将其提升为国家或农业行业标准。

二、《滨湖水牛》（DB43/T 258—2005）

修订理由：

滨湖水牛主要产于洞庭湖畔的临湘、岳阳、湘阴、华容、南县、沅江、益阳、汉寿、澧县、临澧、安乡、常德等市、县。滨湖水牛分布于湘西、湘中各地，在湖北、江西、广西、广东等省均有引进。我国在2021—2023年开展全国第三次畜禽种质资源普查，对已有地方品种重新开展生产性能和繁殖性能测定。湖南地方标准《滨湖水牛》（DB43/T 258—2005）已经制定17年，受气候、血吸虫防治、农业机械化、饲养管理、引种、开发利用等因素影响，滨湖水牛的群体以及生产、利用、繁殖性能也发生了变化，因此建议结合第三次全国畜禽遗传资源普查结果和测量数据，对《滨湖水牛》（DB43/T 258—2005）进行修订，并将其提升为国家或者农业行业标准。

三、《湘南黄牛》（DB43/T 327—2006）

修订理由：

湘南黄牛主要产于郴州、株洲、衡阳和永州等地，尚未被列入国家地方品种目录。第三次全国畜禽种质资源普查对湘南黄牛重新开展了生产性能、繁殖性能和种质遗传测定，湘南黄牛作为新的遗传资源，有望申报成新的地方品种。湖南地方标准《湘南黄牛》（DB43/T 327—2006）已经制定16年，受气候、农业机械化、饲养管理、引种、开发利用等因素影响，湘南黄牛的群体以及生产、利用、繁殖性能也发生了变化，因此建议结合第三次全国畜禽遗传资源普查结果和测量数据，对《湘南黄牛》（DB43/T 327—2006）进行修订。

四、《湘西黄牛饲养管理技术规范》(DB43/T 227—2004)

修订理由：

此标准技术内容较具体，为湘西黄牛饲养提供了技术支撑。随着农业机械化的推进，湘西黄牛役用功能逐渐退出历史舞台，现在主要以肉用为主，其饲养管理也相应发生了较大的变化，标准内容已不能全面反映当前养殖生产现状和技术水平，因此，建议根据现行有关法律法规和行业技术规范对标准进行修订。

五、《肉牛饲养技术规程》(DB43/T 191—2003)

修订理由：

此标准技术内容较具体，为肉牛饲养提供了技术支撑。但随着肉牛产业不断发展，部分标准内容已不能全面反映当前技术水平，部分内容应根据现行有关行业法规文件进行修订。

六、《奶牛饲养场建设规范》(DB43/T 783—2013)

修订理由：

此标准技术内容较具体，为奶牛场的建设提供了技术指导。《奶牛饲养场建设规范》(DB43/T 783—2013）已经制定 10 年，一些内容已不能适应形势发展的需要。近 10 年来，由于人力成本大幅增加，奶牛养殖自动化、机械化、智能化水平越来越高，对生态环境保护的要求也越来越高，对粪污处理要求越来越严，防疫要求也越来越高，生物净化措施要求更加严格。但随着奶牛养殖技术水平的不断提高，标准内容已不能全面反映当前技术水平和政策要求，部分内容应根据现行有关行业法规文件进行修订。

七、《湘东黑山羊》(DB 43/164—2002)

废止理由：

农业农村部2004年归口制定了农业行业标准《湘东黑山羊》(NY 810—2004)，而湖南地方标准《湘东黑山羊》(DB 43/164—2002) 是2002年制定。行业标准《湘东黑山羊》(NY 810—2004) 比地方标准《湘东黑山羊》(DB 43/164—2002) 数据更全面，权威性更强。湘东黑山羊品种的行业标准制定在后，因此，有必要废止《湘东黑山羊》地方标准。目前正在开展第三次全国畜禽种质资源普查，已对湘东黑山羊重新开展生产性能和繁殖性能测定，作为一个养殖地域分布广，肉品质优良，深受消费者欢迎的地方品种，建议根据第三次全国畜禽种质资源普查数据和结果，制定《湘东黑山羊》国家标准或行业标准。

八、《马头山羊》(DB43/T 183—2003)

修订理由：

马头山羊是湖北省和湖南省肉皮兼用的地方优良品种之一，主产于湖北省十堰、恩施等地区和湖南省常德、黔阳等地区。目前正在开展第三次全国畜禽种质资源普查，已对马头山羊重新开展生产性能和繁殖性能测定，作为一个养殖地域跨湖南、湖北，肉品质优良，深受消费者欢迎的地方品种，建议根据第三次全国畜禽种质资源普查数据和结果，修订《马头山羊》(DB43/T 183—2003)，并在此基础上申请制定《马头山羊》行业标准。

九、《九嶷山兔》(DB43/T 358—2007)

修订理由：

九嶷山兔原产于宁远县九嶷山，属中型地方兔种。2010年

12 月 24 日，中华人民共和国农业农村部批准对“九嶷山兔”实施农产品地理标志登记保护。目前开展的第三次全国畜禽种质资源普查，已对九嶷山兔重新开展生产性能和繁殖性能测定，鉴于原地方标准《九嶷山兔》（DB43/T 358—2007）制定时间已超过 15 年，九嶷山兔的生产性能和繁殖性能已经有所变化，建议根据第三次全国畜禽种质资源普查数据和结果，将《九嶷山兔》（DB43/T 358—2007）重新修订。

十、《道州灰鹅》（DB43/T 329—2006）

修订理由：

2005 年，道州灰鹅被湖南省畜禽品种审定委员会确认为湖南省优质地方鹅种，被列入《湖南省畜禽地方品种志》。目前开展的第三次全国畜禽种质资源普查，已对道州灰鹅重新开展生产性能和繁殖性能测定，鉴于原地方标准《道州灰鹅》（DB43/T 329—2006）制定时间已超过 16 年，道州灰鹅的群体数量、生产性能和繁殖性能已经有所变化，建议根据第三次全国畜禽种质资源普查数据和结果，将《道州灰鹅》（DB43/T 329—2006）重新修订。

十一、《酃县白鹅》（DB43/T 328—2006）

修订理由：

1998 年，酃县白鹅被载入《中国家禽品种志》。2006 年，酃县白鹅被国家农业农村部列入《国家畜禽遗传资源保护名录》。2007 年，酃县白鹅被选入国家种质资源基因库。2009 年 9 月 14 日，中华人民共和国农业农村部正式批准对“酃县白鹅”实施农产品地理标志登记保护。

目前开展的第三次全国畜禽种质资源普查已对酃县白鹅重

新开展生产性能和繁殖性能测定，鉴于原地方标准《酃县白鹅》（DB43/T 328—2006）制定时间已超过 16 年，酃县白鹅的群体数量、生产性能和繁殖性能已经有所变化，建议根据第三次全国畜禽种质资源普查数据和结果，将《酃县白鹅》（DB43/T 328—2006）重新修订。

十二、《武冈铜鹅》（DB43/T 222—2004）

修订理由：

武冈属“铜鹅之乡”，武冈铜鹅享有“世之名鹅”的美誉。武冈铜鹅被纳入国家级畜禽遗传资源保护名录后，2010 年其活体、肉体相继被国家工商总局注册为原产地证明商标，武冈铜鹅开发利用工作出色。目前开展的第三次全国畜禽种质资源普查已对武冈铜鹅重新开展生产性能和繁殖性能测定，鉴于原地方标准《武冈铜鹅》（DB43/T 222—2004）制定时间已超过 18 年，武冈铜鹅的群体数量、生产性能和繁殖性能已经有所变化，建议根据第三次全国畜禽种质资源普查数据和结果，将《武冈铜鹅》（DB43/T 222—2004）重新修订，并在此基础上将其提升为国家标准或行业标准。

十三、《溆浦鹅》（DB43/T 184—2003）

修订理由：

2014 年溆浦鹅被列入《国家级畜禽遗传资源保护名录》。2014 年 12 月 01 日，原国家质检总局批准对“溆浦鹅”实施地理标志产品保护。目前开展的第三次全国畜禽种质资源普查已对溆浦鹅重新开展生产性能和繁殖性能测定，鉴于原地方标准《溆浦鹅》（DB43/T 184—2003）制定时间已达 20 年，溆浦鹅的群体数量、生产性能和繁殖性能已经有所变化，建议根据第三次全国畜禽种质资源普查数据和结果，将《溆浦鹅》（DB43/T 184—2003）重新修订，并在此基础上将其提升为行业标准。

十四、《武冈铜鹅饲养技术规程》（DB43/T 326—2006）

修订理由：

地方标准《武冈铜鹅饲养技术规程》（DB43/T 326—2006）的内容丰富，可操作性和实用性强，对促进武冈铜鹅产业健康发展发挥了重要的技术支撑作用。由于本标准是 2006 年制定，至今已经 16 年，期间，国家对养殖行业的政策与法规发生了很多变化，对畜禽养殖的环保要求越来越严，对产品的质量安全要求越来越高，可允许使用的饲料、饲料添加剂和兽药也发生了变化。例如，从 2020 年起国家就禁止将抗生素添加到饲料中用于促生长。《武冈铜鹅饲养技术规程》（DB43/T 326—2006）中将杆菌肽锌添加至饲料中用于促生长，显然不符合当前国家规定。因此，建议对《武冈铜鹅饲养技术规程》（DB43/T 326—2006）进行修订。

十五、其他标准

《朗德鹅饲养管理技术规程》（DB43/T 781—2013）、《道州灰鹅饲养管理技术规范》（DB43/T 640—2011）、《酃县白鹅饲养管理技术规程》（DB43/T 541—2010）也应进行相应修订。

修订理由同《武冈铜鹅饲养技术规程》（DB43/T 326—2006）。

第三节　建议制定的草食动物行业和地方标准

未来 3 年，根据国家政策要求和产业发展需要，建议制定的草食动物行业和地方标准见表 4－1。

表 4－1　建议制修订的草食动物标准明细汇总表

序号	品种	拟制定标准	标准类型	备注
1	肉牛	黄牛品种改良与人工授精技术规程	地方标准（湖南）	优先
2	肉牛	家庭农场肉牛自繁自养技术规范	地方标准（湖南）	优先
3	肉牛	肉牛引种与调运技术规范	地方标准（湖南）	优先
4	肉牛	西门塔尔杂交牛饲养管理技术规程	地方标准（湖南）	
5	肉牛	牛粪发酵与有机肥制作技术规程	地方标准（湖南）	优先
6	肉牛	湘西黄牛育肥配合饲料	地方标准（湖南）	
7	肉牛	滨湖水牛生产性能测定技术规范	地方标准（湖南）	
8	肉牛	滨湖水牛同期发情技术规范	地方标准（湖南）	
9	肉牛	湘西黄牛种公牛后裔测定技术规程	地方标准（湖南）	
10	肉牛	牛场稻草秸秆加工储藏与利用技术规范	地方标准（湖南）	优先
11	肉牛	牛场矮象草加工储藏与利用技术规范	地方标准（湖南）	
12	肉牛	南方苜蓿草栽培与加工利用技术规范	地方标准（湖南）	优先

续表 1

序号	品种	拟制定标准	标准类型	备注
13	肉牛	肉牛养殖场寄生虫病防治技术规范	地方标准（湖南）	
14	肉牛	牛羊养殖场布鲁氏菌病监测净化技术规程	地方标准（湖南）	优先
15	肉牛	地理标志产品　湘西黄牛	地方标准（湖南）	
16	肉牛	地理标志产品　新晃黄牛肉	地方标准（湖南）	
17	肉牛	牛肉预制菜加工技术规范	地方标准（湖南）	优先
18	奶牛	娟姗奶牛	行业标准（农业农村部）	
19	奶牛	奶牛引种与调运技术规程	地方标准（湖南）	
20	奶牛	南方奶牛放牧饲养管理技术规范	地方标准（湖南）	
21	奶牛	荷斯坦奶牛犊牛饲养管理规范	地方标准（湖南）	
22	奶牛	荷斯坦奶牛冬季饲养管理技术规范	地方标准（湖南）	
23	奶牛	奶牛结核病监测净化技术规程	地方标准（湖南）	
24	奶牛	鲜牛奶储藏与运输技术规程	地方标准（湖南）	

续表 2

序号	品种	拟制定标准	标准类型	备注
25	山羊	奶山羊生态养殖技术规程	地方标准（湖南）	
26	山羊	绿色食品　湘东黑山羊养殖技术规程	行业标准（农业农村部）	
27	山羊	家庭农场山羊自繁自养技术规范	地方标准（湖南）	优先
28	山羊	湘东黑山羊舍饲育肥技术规范	地方标准（湖南）	优先
29	山羊	湘东黑山羊配合饲料	地方标准（湖南）	
30	山羊	羊口疮病诊断与防治技术规程	地方标准（湖南）	优先
31	山羊	地理标志产品　湘东黑山羊	地方标准（湖南）	优先
32	山羊	地理标志产品　壶天石羊	地方标准（湖南）	
33	山羊	湘东黑山羊湘菜标准	地方标准（湖南）	优先
34	山羊	湘东黑山羊预制菜加工技术规范	地方标准（湖南）	
35	鹅	武冈铜鹅繁育技术规程	地方标准（湖南）	
36	鹅	溆浦鹅繁育技术规程	地方标准（湖南）	

续表3

序号	品种	拟制定标准	标准类型	备注
37	鹅	绿色食品　肉鹅养殖技术规程	行业标准（农业农村部）	优先
38	鹅	武冈铜鹅配合饲料	地方标准（湖南）	
39	鹅	鹅主要疾病防治技术规范	地方标准（湖南）	优先
40	鹅	规模鹅场兽药使用技术规范	地方标准（湖南）	优先
41	鹅	地理标志产品　酃县白鹅	地方标准（湖南）	
42	鹅	地理标志产品　道州灰鹅	地方标准（湖南）	
43	鹅	鹅肉湘菜标准	地方标准（湖南）	
44	鹅	鹅预制菜系列（鹅、鹅头、鹅胗、鹅肝、鹅蛋、鹅掌、鹅肉丸、鹅肉饭等）	地方标准（湖南）	优先
45	鹅	鹅肉湘菜标准	地方标准（湖南）	
46	草食鱼	绿色食品　草鱼生产技术规程	行业标准（农业农村部）	优先
47	草食鱼	绿色食品　团头鲂生产技术规程	行业标准（农业农村部）	
48	草食鱼	草鱼工厂化养殖技术规程	地方标准（湖南）	优先

续表 4

序号	品种	拟制定标准	标准类型	备注
49	草食鱼	稻田草鱼种培育技术规程	地方标准（湖南）	
50	草食鱼	脆肉鲩生产技术规程	地方标准（湖南）	
51	草食鱼	池塘养殖尾水净化技术规程	地方标准（湖南）	优先
52	草食鱼	草食鱼主要饲草栽培技术规程	地方标准（湖南）	
53	草食鱼	草鱼主要疾病防治技术规范	地方标准（湖南）	
54	草食鱼	草鱼预制菜加工技术规范	地方标准（湖南）	优先

第五章 推进草食动物标准化的措施和建议

第一节 加强顶层设计，构建草食动物高质量标准体系

党的二十大报告指出：加快构建新发展格局，着力推动高质量发展。高质量发展是全面建设社会主义现代化国家的首要任务。要加快发展方式绿色转型，实施全面节约战略，发展绿色低碳产业，倡导绿色消费，推动形成绿色低碳的生产方式和生活方式。推动高质量发展是当前和今后一个时期确定发展思路的根本要求，党中央多次强调要瞄准国际标准提高水平，加快形成推动高质量发展的标准体系。湖南省标准化工作越来越受到地方政府和相关部门的重视，以省标准化主管部门牵头，全省各专业标准化技术委员会具体实施，组织省内外标准化专家和行业管理部门及生产、科研、流通、经营等方面的代表，广泛征求其意见，强化标准化顶层设计，围绕制约草食动物标准化发展的瓶颈问题，围绕构建草食动物高质量发展标准体系的需要，开展战略性研究和部署，用以指导草食动物标准化工作长远发展。

第二节　加强科技攻关，提升草食动物标准化技术水平

科技是第一生产力，现代畜牧业发展离不开科技的支撑，有资料表明，我国农业科技进步贡献率从 2012 年的 54.5%提高到 2021 年的 61.5%。但是，制约草食动物产业高质量发展的技术瓶颈不少，标准化水平总体不高。如生物育种技术、地方草食畜禽品种的营养需要、疫病防控、智慧畜牧、食品加工和生态高效养殖模式等。湖南省草食畜禽、渔业高质量发展离不开科研院所的科技支撑和技术引领。进一步加大制约湖南省草食畜禽、渔业发展的一系列关键配套技术研究，研究和推广成熟的养殖模式、养殖技术，实行种养结合、种养平衡，制定、修订和完善草食畜禽产业、渔业发展中产供销各个环节的技术规范和标准文件，结合湖南三湘四水不同地理区域、气候特点和饲草资源、土地资源情况，大力发展种养平衡、规模适度的畜禽水产养殖，着力实现畜禽水产养殖良种化、管理智能化、生产设施化、操作规范化、疫病防治程序化、粪污处理减量化、资源化、无害化以及行业监管常态化等标准化建设。进一步引导和推进生态、绿色标准化养殖，支持畜禽水产养殖国家级和省级标准化健康养殖示范场创建，充分发挥其公益性的示范作用，发挥项目引导作用，建议优先支持国家级和省级标准化健康养殖示范场申报相关强农惠农项目。畜牧渔业主管部门、科研机构、产业技术体系、相关行业协会等部门、单位和民间组织，要围绕产业发展搞好服务，提高畜禽水产养殖新品种、新技术的科技推广与应用水平。充分发挥新媒体的优势，线上与线下相结合开展多种形式面向企业和农民的养殖技术培训，将

先进适用的新技术迅速传送到千家万户。要注意加强对基层农技和动物防疫人员的知识更新培训，让他们及时掌握新信息、新技术，特别是标准化生产技术，提高他们的产业服务本领。草食畜禽水产养殖技术水平显著提高，将促进传统畜禽水产养殖向养殖品种良种化、养殖设施机械化、生产操作标准化、养殖管理规范化、产品市场品牌化的现代养殖方式转变，提高草食畜禽水产养殖标准化生产水平。

第三节 围绕标准化生产，完善草食牧业产业链条

要着力提高全要素生产率，着力提升产业链供应链韧性和安全水平。全产业链发展是大方向、大趋势，也是高质量发展的题中之义。要紧紧围绕“种好草、养好牛羊鱼、产好奶、增效益”目标，大力推进草食动物产业的一二三产业高度融合发展。上游，要加大优质高效饲草饲料的开发种植和加工利用，加强高标准优质肉、优质奶源、优质草食性鱼基地建设，加快提升现代化养殖水平；中游，要不断完善利益联结机制，积极推动养殖户与加工企业建立紧密型利益共同体，做大做强农产品加工龙头企业；下游，要大力创新产品供销模式和营销手段，发挥自媒体和电子商务优势，加快冷链物流运输体系建设，鼓励和支持发展一批家庭牧场、休闲观光牧场。

结合产地资源禀赋、生态条件和现有基础，根据市场需求，优化产业区域布局，调整养殖品种结构，以优势特色草食畜禽、水产等品牌农产品生产基地为重点，组织和引导开展标准生产，深入推进水产养殖和畜禽养殖标准化创建，建立一批优质、高效、安全的肉牛、奶牛、山羊、鹅和草食鱼标准化生产基地。

促其适应市场需求、增加有效供给、提高生产效益，实现产品质量安全。积极培育市场，加大奶业公益宣传，积极组织开展“小康牛奶公益助学行动”、乳品消费科普活动，倡导科学饮奶，引导健康消费、大众消费。大力普及巴氏杀菌乳、灭菌乳、发酵乳、奶酪等乳制品营养知识，着力培育低温奶消费市场和牛奶本土化消费习惯。加大中小学生饮用奶宣传推广，全力推行“学生饮用奶计划”，尽早实现这一惠民惠学政策的全省覆盖，从小培养青少年饮用牛奶的良好习惯，通过培育市场，促进湖南省奶业高质量发展。

始终把标准化生产作为打造草食动物特色产业的“生命线”，构建生产、加工、市场一体化标准体系，使草食动物产业从品种、繁育、种植与养殖、动物营养、动物防疫、产品加工、储藏运输等各个产业链条和环节，都有标准可依。

第四节　培育新型经营主体，推动草食牧业创新发展

中共中央办公厅、国务院办公厅于 2017 年印发了《关于加快构建政策体系培育新型农业经营主体的意见》（中办发〔2017〕38 号），各级各部门应认真贯彻落实中办发〔2017〕38 号文件精神和国务院印发的《“十四五”推进农业农村现代化规划》，加快构建和完善以家庭农场经营为基础，以合作与联合为纽带，以社会化服务为支撑的现代农业经营体系。积极培育新型农业经营主体，推动农业现代化发展进程，围绕提高畜禽渔业产业体系现代化水平、生产体系现代化水平和经营体系现代化水平，建立综合指标体系，加强资源要素整合和政策集成，以产业兴旺为抓手，促进小农户与现代农业有机衔接，示范引

领农业现代化发展，探索建立农业现代化发展模式、政策体系、工作机制，形成梯次推进农业现代化的格局。近年来，在种养大户、家庭农场、涉农企业和农民专业合作社、协会等新型农业经营主体的带动下，显著提升了湖南省农业生产的组织化、标准化、社会化水平，土地流转、集中开发和生产经营、抛荒弃种的问题明显改善，极大地盘活了农业资源，通过新型农业经营主体的资金投入，农业机械化水平明显提高，极大地提高了农业生产率水平，保障了包含肉蛋奶在内的大粮食安全，为农业现代化提供了重要支撑。

科技是第一生产力，人才是第一资源。加强现代农业生产经营主体培育，离不开农业人才队伍的建设。出台措施鼓励高校毕业生及专业技术人才到农村创新创业，不断提高生产经营主体的科技含金量。目前实施的大学生村官制度和科技特派员制度，就是很好的制度安排，这些大学生村官和来自科研院校的专家，把最新的技术、信息带到了田边和圈舍，把论文写在田间，把知识留给千家万户，甚至将资金和项目带过去，与农业经营主体一起创新创业，促进了产业兴旺和县域经济发展。湖南省一些地方在科技特派员科技服务方面做得有特色，社会影响大，比如长沙市科技局和浏阳市、长沙县科技局的科技特派员服务和管理工作得到了经营主体和农民的一致好评，长沙市人才工作领导小组办公室出台了《农业科技特派员工作组织实施细则》，明确要求：科技特派员做好科学普及，经营主体配合每年组织技术培训 2 次以上，培训相关技术人员、农户等 100 人次以上。鼓励以资金入股、技术入股、技术承包、租赁经营等多种形式，派驻单位与科技特派员建立利益共同体，开展长期合作。长沙地区科技特派员工作对培育壮大新型农业经营主体发挥了重要作用，助推长沙地区在农业现代化的道路上奔跑。

除了人才和技术支持，资金支持也是培育壮大新型农业经营主体的重要举措。用好中央财政、省级财政现代农业发展专项资金和其他涉农资金，重点支持种养大户、种养能手、新兴的家庭农场、农民专业合作社，以及农业生产与加工企业，围绕加强农业社会化服务，促进适度规模经营，采取政府购买服务、以奖代补、先建后补、贷款贴息、担保费补贴等方式进行扶持，发挥好政策资金的支持和引导作用。

第五节　开展标准宣贯实施，提高草食牧业标准化应用覆盖率

标准的生命在于实施，标准的宣贯是标准实施的重要步骤。农业技术标准是广大农业管理、科研、企业和基层科技与生产人员集体智慧的产物。不可否认，部分标准在实际的生产应用中还存在着许多问题。虽然现在已进入信息时代，但一些生产经营主体及其专技人员，对标准化知识了解不深，对标准的重要性认识不到位，不去主动学习，未能及时了解标准发布及制修订的最新信息，不能及时地将标准规程规定的关键技术在实际生产工作中操作应用，对标准的理解和解读欠准确。在标准制定过程中，只陈述结果，不作解释，语言精练，且大量引用其他国家标准、行业标准和地方标准，标准套标准，一个标准内可能引用了几个，甚至十几个、几十个标准，对于一般的技术人员，要把这些标准找全，确实很困难，因此要准确理解和把握标准的内容会有一定的难度，使标准很难被准确实施。要解决这些问题，标准的宣贯工作须引起足够的重视。要充分发挥业务主管部门的作用，如果能够对已发布的重要标准及时、

深入、透彻地进行宣贯，则可保证标准及时、准确地实施，从而规范生产、保障食品安全、推动技术进步。各级标准化主管部门、各级农业农村部门、畜牧水产事务中心是草食动物等农业技术标准宣贯工作的发动者和组织者，宣贯工作能否得到重视，关键在领导重不重视。各级管理、科研教学部门和企业负责人要带头，广大科技人员和生产技术人员要积极参与标准化研究、标准制修订、标准学习和标准实施。编制标准宣贯教材、多媒体材料是标准使用者及时、准确掌握标准的工具。按照标准规范的编写要求，标准文本在起草过程中，其中的标准条款只强调"做什么"和"如何做"，而对于一些技术指标的依据、技术内容的相关案例分析缺乏具体陈述。因此在宣贯工作中，为了便于标准使用者的实施，编写宣贯材料就要对这些方面作详细阐述。要采取多种方式进行标准宣贯。为了使更多的生产技术人员正确地理解标准和实施标准，在标准的宣贯工作中可采取多种方式，主要有举办专题培训班，进行集中宣贯；利用信息化手段，通过网络进行宣贯；还可采取会场培训与现场观摩相结合的方式，对于操作性强的生产技术标准进行点对点宣贯。要重视利用网络、微博、微信等新媒体，广泛进行宣传发动，增强社会各界对草食动物标准及标准化工作的了解，营造大力推广应用标准的良好社会氛围，切实提高湖南省草食牧业标准化应用覆盖率。

第六节　研究配套政策，推动草食动物产业标准化工作快速发展

各级地方政府和行业主管部门应进一步加大对本区域发展草食动物产业，特别是草食畜禽产业的支持力度，出台政策扶

持、资金支持、人才培养等相关配套政策。鼓励科研院所、高等学校、企事业单位和行业协会根据草食动物产业发展的需求，结合各地具体的实际情况，以绿色食品、有机食品和地理标志产品标准为突破口，参与到农业相关标准的制修订中去，将草食动物养殖、生产、加工的成熟经验、创新成果和特色产品转化成标准，将产品优势转化成品牌优势，从而推动草食动物相关产业规模化、科学化、标准化生产。要有效整合社会公共资源，在畜禽良种补贴、畜禽水产养殖标准化示范创建、养殖粪污资源化利用、重大动物疫病防控、农业政策性保险，以及招商引资、土地开发利用、冷链物流、品牌创建、小微企业、信贷融资等政策扶持上，给予草食动物产业更多倾斜。

第七节　通过标准化打造品牌，大力提高草食动物产业效益

进一步加快龙头企业建设，打造湖南省肉牛、奶业、黑山羊、鹅、兔、鱼的金字品牌。力争用 3～5 年时间，创建 3～5 家国家级农业产业化龙头企业，争取 5～8 家企业上市。质量是品牌的生命，产品质量安全，既是一条红线，也是行业底线，任何时候都不能触碰、不可僭越，否则极可能对一个品牌、一个企业乃至整个产业带来毁灭性灾难。2008 年，“三聚氰胺事件”让当时品牌价值已达 149 亿元的“三鹿”品牌、排名“中国顶尖企业百强”乳品行业“头把交椅”的三鹿集团瞬间崩塌，更为严重的是，让国人几乎丧失了对国产奶粉的信任，而且至今尚未完全恢复。无论是畜牧水产养殖企业，还是生产加工企业，在饲养、生产、加工、收购、运输等各个环节，都必须始终把品质放在首位，以精立业、以质取胜，整体提升湖南草食

动物产品的质量安全水平。

加快推进供给侧结构性改革，利用安格斯牛等优良品种改良湖南省本地黄牛，生产高档牛肉。认真做好动物疫病防控工作，坚持“预防为主”的方针，扎实抓好牛口蹄疫等重大动物疫病的强制免疫和适时补针工作，确保免疫密度达100%。建立健全安全技术体系，按照“生产有记录、信息可查询、流向可追踪、质量可追溯、责任可追究”的要求，严格生产投入品的管理使用，从根本上保障产品的品质及安全性。引导和支持生产企业和养殖专业合作社申报以绿色食品为重点的“三品一标”产品认证，严格按照绿色食品、有机食品标准组织开展生产，切实加强“三品一标”产品证期监管，维护品牌信誉。进一步利用好“湘西黄牛”“新晃黄牛”“德农”等国家地理标志产品品牌和湖南著名商标，提高产品加工企业对产品加工的深度和精度，提高行业竞争力，扩展市场，分区域布局，打造湘北、湘西、湘南肉牛生产加工基地。大力发展休闲牧业和休闲渔业，按照“丰富内涵、扩大外延、增强吸引力”的思路，深入挖掘草食动物产业蕴藏的特色文化底蕴，大力发展以肥牛、腊牛肉、全牛宴等为代表的民族特色饮食，以“牛王”、赛牛大会等为代表的民俗特色文化和以骨雕等工艺品为代表的旅游纪念品开发，特色产业与民族文化相互融合，一二三产业高度融合，显著提高草食牧业和草食鱼类养殖的经济、社会和生态效益。

第六章 草食动物绿色食品标准化认证技术

第一节 绿色食品的概念及标志

一、绿色食品认证的意义

绿色食品经过30年的发展，从概念到产品，从产品到产业，从产业到品牌，从局部发展到全国推进，从国内走向国际。总量规模持续扩大，品牌影响力持续提升，产业经济、社会效益和生态效益日益显现，成为我国安全优质农产品的精品品牌，为推动农业标准化生产，提高农产品质量水平，促进农业提质增效、农民增收脱贫，保护农业生态环境，推进农业绿色发展等发挥了积极示范引领作用。

绿色食品发展契合当前国家生态文明建设、农业绿色发展、质量兴农、乡村产业振兴等时代发展主题，是满足人们对美好生活需求的重要支撑，是农业增效、农民增收的重要途径，具有广阔的发展前景，未来必将成为农业绿色发展的标杆、品牌农业发展的主流。开展草食动物绿色食品认证，对于促进草食动物生态养殖，创建优质农产品品牌，提高标准化养殖技术水平，提高草食动物产品质量，提高养殖效益，促进乡村振兴具有重要意义。

二、绿色食品的概念

绿色食品指产自优良生态环境、按照绿色食品标准生产、实行全程质量控制并获得绿色食品标志使用权的安全、优质食用农产品及相关产品。绿色食品的概念充分体现了绿色食品的“从土地到餐桌”全程质量控制的基本要求和安全优质的本质特征。按照“从土地到餐桌”全程质量控制的技术路线，绿色食品创建了“环境有监测、生产有控制、产品有检验、包装有标识、证后有监管”的标准化生产模式，并建立了完善的绿色食品标准体系。

三、绿色食品标志

1990 年，绿色食品事业创建之初，开拓者们认为绿色食品应该有区别于普通食品的特殊标识，因此根据绿色食品的发展理念构思设计出了绿色食品标志图形（图 6－1）。该图形由三部分构成，上方的太阳、下方的叶片和中心的蓓蕾，象征自然生态；颜色为绿色，象征着生命、农业、环保；图形为正圆形，意为保护。绿色食品标志图形描绘了明媚阳光照耀下的和谐生机，意欲告诉人们绿色食品正是出自优良生态环境的安全、优质食品，同时还提醒人们要保护环境，通过改善人与自然的关系，创造自然界新的和谐。

图 6－1 绿色食品标志

1991 年，绿色食品标志经原国家工商行政管理核准注册，1996 年又成功注册成为我国首例质量证明商标，受国家商标法的保护。

目前，中国绿色食品发展中心在原国家工商总局注册的绿色食品图形、文字和英文以及组合等十种形式（图 6－2），包括标准字体、字形和图形用标准色都不能随意修改。同时绿色食品商标已在美国、俄罗斯、法国、澳大利亚、日本、韩国等国家和中国香港等地区成功注册。

图 6－2　绿色食品标志

第二节　绿色食品的认证与管理

一、绿色食品认证与管理机构

中国绿色食品发展中心是绿色食品证明商标的注册人。根据《绿色食品标志管理办法》，中国绿色食品发展中心负责全国绿色食品标志使用申请的审查、颁证和颁证后跟踪检查工作。各地（省、区、市）成立了省级绿色食品工作机构，负责本行政区域内绿色食品标志使用申请的受理、初审、现场检查工作；地（市）、县级相关工作机构可受省级工作机构委托承担上述工作。

二、绿色食品的申报

1. 绿色食品认证的基本条件

（1）能够独立承担民事责任。如企业法人、农民专业合作社、个人独资企业、合伙企业、家庭农场等，国有农场、国有林场和兵团团场等生产单位。

（2）具有稳定的生产基地。

（3）具有绿色食品生产的环境条件和生产技术。

（4）具有完善的质量管理体系，并至少稳定运行1年。

（5）具有一定生产规模。

（6）具有与生产规模相适应的生产技术人员和质量控制人员（且需具有一名绿色食品企业内部检查员）。

（7）申请前3年内无质量安全事故和不良诚信记录。

（8）与绿色食品工作机构或检测机构不存在利益关系。

（9）预包装食品须具有注册商标。

（10）符合相关绿色食品标准。

申报绿色食品必须要学习绿色食品标准，与绿色食品产品相关的主要标准如下：

NY/T 391《绿色食品　产地环境质量》

NY/T 471《绿色食品　饲料及饲料添加剂使用准则》

NY/T 472《绿色食品　兽药使用准则》

NY/T 473《绿色食品　畜禽卫生防疫准则》

NY/T 755《绿色食品　渔药使用准则》

NY/T 658《绿色食品　包装通用准则》

NY/T 1056《绿色食品　贮藏运输准则》

NY/T 843《绿色食品　畜禽肉制品》

NY/T 2799《绿色食品　畜肉》

2. 申报材料的清单

（1）绿色食品标志使用申请书。

（2）绿色食品水产品调查表。

（3）相关资质证明材料（如营业执照、水产养殖许可证、动物防疫合格证等）。

（4）绿色食品质量控制规范。

（5）苗种购买合同及证明。

（6）养殖基地来源及证明。

（7）养殖区域分布图。

（8）饲料来源及证明。

（9）养殖生产记录（仅续展申请人提供）。

（10）预包装食品标签设计样张（仅预包装产品提供）。

（11）国家农产品质量安全追溯管理信息平台注册证明和湖南省农产品身份证管理平台注册证明。

（12）养殖环境质量检测报告、产品检验报告。

（13）中国绿色食品发展中心规定的其他相关文件。

3. 申报程序

（1）申请前准备

绿色食品企业内部检查员（以下简称内检员）为绿色食品标志许可的前置申报基本条件。申报前申请人须安排负责绿色食品生产和质量安全管理的专业技术人员或管理人员登录“绿色食品内检员培训管理系统”（http：// px. greenfood. org/login）参加绿色食品相关培训，并获得内检员注册资格。

①内检员资格条件：

遵纪守法，坚持原则，爱岗敬业。

具有大专以上相关专业学历或具有 2 年以上农产品、食品生产、加工、经营经验，熟悉本企业的管理制度。

热爱绿色食品事业，熟悉农产品质量安全有关的国家法律、法规、政策、标准及行业规范；熟悉绿色食品质量管理和标志管理的相关规定。

应完成绿色食品相关培训，并经考试合格。

②内检员职责要求：

宣贯绿色食品标准。

按照绿色食品标准和管理要求，落实绿色食品标准化生产，参与制定本企业绿色食品质量管理体系、生产技术规程，协调、指导、检查和监督企业内部绿色食品原料采购、基地建设、投入品使用、产品检验、标志使用、广告宣传等工作。

指导企业建立绿色食品生产、加工、运输和销售记录档案，配合各级绿色食品工作机构开展绿色食品现场检查和监督管理工作。

负责企业绿色食品相关数据及信息的汇总、统计、编制，以及与各级绿色食品工作机构的沟通工作。

承担本企业绿色食品证书和《绿色食品标志商标使用许可合同》的管理，以及申报和续展工作。

组织开展绿色食品质量安全内部检查及改进工作；开展对企业内部员工有关绿色食品知识的培训。

③内检员培训要求：

绿色食品内检员采取课堂培训与网上培训相结合的培训制度。

首次注册的内检员必须参加课堂培训。注册的内检员每年需完成网上培训内容，并考试合格。

经过培训并考试合格的内检员由中国绿色食品发展中心统一注册并颁发《绿色食品企业内部检查员证书》。

（2）基本环节

申请使用绿色食品标志通常需要经过 8 个环节：①申请人提出申请。②绿色食品工作机构受理审查。③检查员现场检查。④产地环境和产品检测。⑤省级工作机构初审。⑥中国绿色食品发展中心综合审查。⑦绿色食品专家评审。⑧发布颁证决定。见图 6－3。

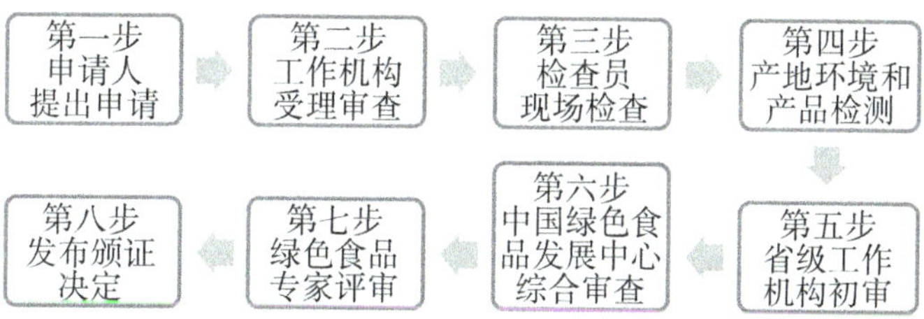

图 6－3　绿色食品标志申请许可流程图

第一步：申请人提出申请

①工作时限：申请人至少在产品收获前 3 个月，向所在地绿色食品工作机构提出申请。

②申请方式：登录“中国绿色食品发展中心”网站（http://www.greenfood.org.cn/），下载《绿色食品标志使用申请书》及相关调查表（图 6－4）。向省级绿色食品认证工作机构，

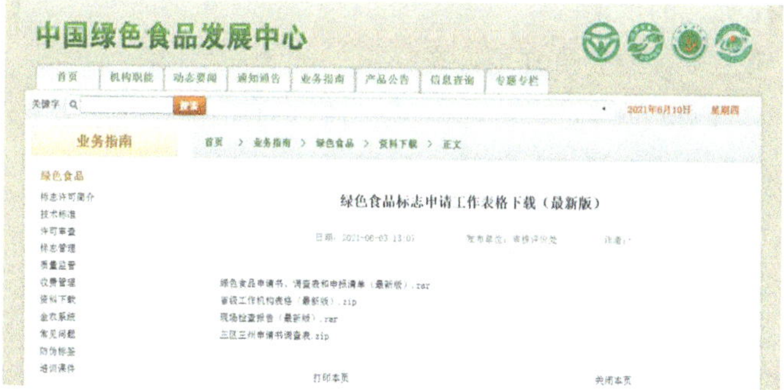

图 6－4　绿色食品标志申请表格下载网站

或是向省级绿色食品认证工作机构委托的市、县绿色食品认证工作机构提交申请。

第二步：绿色食品工作机构受理审查

①工作时限：绿色食品工作机构自收到申请材料之日起 10 个工作日内完成材料受理审查。

②审查结果通知方式：绿色食品市级工作机构重点审查申请人和申报产品条件和申请材料的完备性，向申请人发出《绿色食品申请受理通知书》，可能会有以下 3 种情况。

第一种情况，如材料审查合格，可以进入下一步程序，《绿色食品申请受理通知书》将告知申请人“材料审查合格，现正式受理你单位提交的申请。我单位将根据生产季节安排现场检查，具体检查时间和检查内容见《绿色食品现场检查通知书》”。

第二种情况，如申请材料不完备，仍需要尽快补充，《绿色食品申请受理通知书》将告知申请人“申请材料不完备，请你单位在收到本通知书____个工作日内，补充以下材料：……材料补充完备后，我单位将正式受理你单位提交的申请”。

第三种情况，如材料审查不合格，《绿色食品申请受理通知书》将告知申请人“材料审查不合格，本生产周期内不再受理你单位提交的申请”。

第三步：检查员现场检查

① 工作时限与执行方式：在材料审查合格后 45 个工作日内，绿色食品市级工作机构会组织至少两名检查员对申请人产地进行现场检查。

② 检查时间：申报产品生产期内。

③ 检查环节：首次会议、实地检查、查阅文件记录、随机访问、总结会。

④ 企业人员：现场检查时相关企业人员须在场，包括申报

单位主要负责人、生产负责人、技术人员和企业内检员。

⑤ 检查结果：形成《绿色食品现场检查报告》；绿色食品市级工作机构向申请人发出《现场检查意见通知书》。可能会有以下 2 种情况。一是现场检查合格，可以进入下一步环节，《现场检查意见通知书》将告知申请人“现场检查合格，请持本通知书委托绿色食品环境与产品检测机构实施检测工作”，同时，将告知申请人需要进行环境检测的检测项目，以及产品检测的检测标准。二是现场检查不合格，《现场检查意见通知书》将告知申请人“现场检查不合格，本生产周期内不再受理你单位的申请”。

第四步：产地环境和产品检测

① 检测依据：申请人按照《绿色食品现场检查意见通知书》要求，委托检测机构对产地环境、产品进行检测和评价。

② 检测时限：环境检测自抽样之日起 30 个工作日内完成；产品检测自抽样之日起 20 个工作日内完成。

③ 检测单位：中国绿色食品发展中心指定的检测机构。全国共有 95 家（截至 2021 年）绿色食品检测机构。

④ 检测结果报送绿色食品省级工作机构和申请人。

⑤ 检测要求：检测报告符合绿色食品标准要求。

第五步：省级工作机构初审

① 工作依据与工作时限：绿色食品省级工作机构自收到《绿色食品现场检查报告》《环境质量监测报告》和《产品检验报告》之日起 20 个工作日内完成初审。

② 初审内容要求：申报材料完备可信、现场检查报告真实规范、环境和产品检验报告合格有效。

③ 初审合格后报送中国绿色食品发展中心，同时完成网上报送。

第六步：中国绿色食品发展中心综合审查

① 工作时限：中国绿色食品发展中心自收到省级工作机构报送的申请材料之日起 30 个工作日内完成综合审查。

② 审查结果：提出审查意见，并通过省级工作机构向申请人发出《绿色食品审查意见通知书》，审查结果可能有 4 种情况。一是需要补充材料的，申请人应在《绿色食品审查意见通知书》规定时限内补充相关材料，逾期视为自动放弃申请。二是需要现场核查的，由中心委派检查组再次进行检查核实。三是审查不合格的，一般存在材料造假、违规使用投入品、产品质量不合格等严重问题，提交中心主任审批并发送《绿色食品标志许可审查通知书》。四是审查合格的，中国绿色食品发展中心将组织召开绿色食品专家评审会，进入专家评审。

第七步：绿色食品专家评审

① 召开专家评审会：中国绿色食品发展中心在完成综合审查的 20 个工作日内组织召开专家评审会。

② 做出颁证决定：专家评审意见是最终颁证与否的重要依据。中国绿色食品发展中心根据专家评审意见，在 5 个工作日内做出颁证决定。

第八步：发布颁证决定

做出颁证决定后，申请人须与中国绿色食品发展中心签订《绿色食品标志使用合同》，并领取绿色食品证书（图 6－5）。

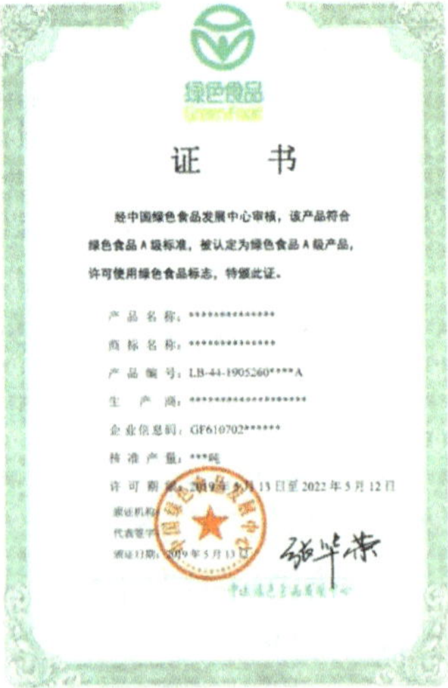

图 6－5　绿色食品标志使用证书

三、绿色食品标志使用与监管

1. 标志使用

绿色食品证书有效期为3年，标志许可期满，需提前3个月办理续展手续，方可继续使用绿色食品标志。逾期未提出续展申请，或者申请续展未获通过的，不得继续使用绿色食品标志。

有下列情形，取消标志使用权，收回证书并予公告：

——生产环境不符合绿色食品环境质量标准的；

——产品质量不符合绿色食品产品质量标准的；

——年度检查不合格的；

——未遵守标志使用合同约定的；

——违反规定使用标志和证书的；

——以欺骗、贿赂等不正当手段取得标志使用的。

年检不合格，企业3年内不能申报绿色食品。

产品抽检不合格，企业该产品3年内不再受理。

2. 证后监管

绿色食品建立了一套包括企业年检、产品质量抽检、标志市场监察、质量安全预警和公告通报等五项监督管理制度。

（1）企业年检

是指各地方绿色食品管理机构，主要是省级绿办，组织对辖区内获得绿色食品标志使用权的企业在一个标志使用年度内的绿色食品生产经营活动、产品质量及标志使用行为实施的监督、检查、考核、评定等。

①检查企业的产品质量及控制体系状况。

②检查企业规范使用绿色食品标志情况。

③检查企业按规定缴纳标志使用费情况。

④内检员注册及履职情况。

⑤其他应检查的主要内容。

（2）产品质量抽检

①职责：中国绿色食品发展中心制定抽检计划，检测机构实施。

②原则：依据绿色食品标准，按照抽样计划，委托第三方机构抽检。

③要求：市场抽样为主；企业承担合同规定义务；可替代续展产品检测；复检、仲裁与处理，须5日内书面提出复检或仲裁申请。

●政府部门监督抽查安全指标，不合格直接取消标志使用权。

（3）标志市场监察

对市场上绿色食品标志使用情况的监督检查。

①职责：中心作指导性计划，省级工作机构组织实施。

②原则：规范用标，打击假冒。

③要求：市场购买，定点监察；合理选样，节省为主；真假分开，区别处置。企业须15个工作日内提出复议申诉。

●连续两年违规用标将撤销标志使用权。

（4）质量安全风险预警

①职责：分层预案，协同处置。

②原则：防范风险，消除隐患。

③要求：重点监控，兼顾一般；快速反应，长效监管；科学分析，分级预警。

第三节　绿色食品主要生产技术

一、产地环境要求

1. 产地生态环境基本要求

（1）绿色食品生产应选择生态环境良好、无污染的地区，远离工矿区、公路铁路干线（避免噪声污染）和生活区，避开污染源。

（2）产地应距离干线公路、铁路、生活区 500 m 以上，距离工矿企业 1 km 以上。

（3）产地要远离污染源，配备切断有毒有害物进入产地的措施。

（4）产地不应受外来污染威胁，产地上风向和灌溉水上游不应有排放有毒有害物质的工矿企业，水源应是深井水或水库等清洁水源，不应使用污水或塘水等被污染的地表水；种植牧草和饲料的园地土壤不应是施用含有毒有害物质的工业废渣改良过土壤。

（5）应建立生物栖息地，保护基因多样性、物种多样性和生态系统多样性，以维持生态平衡。

（6）应保证产地具有可持续生产能力，不对环境或周边其他生物产生污染。

2. 隔离保护要求

绿色食品产地应与常规生产区保持一定距离，或在两者之间设立物理屏障，或利用地表水，或山岭分割，或其他方法，两者交界处应有明显可识别的界标。

3. 产地环境质量通用要求

（1）空气质量要求

草食鱼类养殖空气质量应符合表 6-1 要求。

表 6-1 草食鱼类养殖空气质量要求（标准状态）

项目	指标		检验方法
	日平均[a]	1 小时[b]	
总悬浮颗粒物	≤0.30 mg/m³	—	GB/T 15432
二氧化硫	≤0.15 mg/m³	≤0.50 mg/m³	HJ 482
二氧化氮	≤0.08 mg/m³	≤0.20 mg/m³	HJ 479
氟化物	≤7 μg/m³	≤20 μg/m³	HJ 955

注：[a] 日平均指任何一日的平均指标。
[b] 1 小时指任何一小时的指标。

畜禽养殖业空气质量应符合表 6-2 要求。

表 6-2 畜禽养殖业空气质量要求（标准状态） 单位：mg/m³

项目	禽舍区（日平均）		畜舍区（日平均）	检验方法
	雏	成		
总悬浮颗粒物	≤8		≤3	GB/T 15432
二氧化碳	≤1500		≤1500	HJ 870
硫化氢	≤2	≤10	≤8	GB/T 14678
氨气	≤10	≤15	≤20	HJ 533
恶臭（稀释倍数，无量纲）	≤70		≤70	GB/T 14675

（2）水质要求

①畜禽养殖水质

畜禽养殖用水应符合表 6-3 要求。

表 6－3　畜牧养殖用水水质要求

项目	指标	检验方法
色度[a]	≤15 度，并不应呈现其他异色	GB/T 5750.4
浑浊度[a]（散射浑浊度单位）	≤3 NTU	GB/T 5750.4
臭和味	不应有异臭、异味	GB/T 5750.4
肉眼可见物[a]	不应含有	GB/T 5750.4
pH	6.5～8.5	GB/T 5750.4
氟化物	≤1.0 mg/L	GB/T 5750.5
氰化物	≤0.05 mg/L	GB/T 5750.5
总砷	≤0.05 mg/L	GB/T 5750.6
总汞	≤0.001 mg/L	GB/T 5750.6
总镉	≤0.01 mg/L	GB/T 5750.6
六价铬	≤0.05 mg/L	GB/T 5750.6
总铅	≤0.05 mg/L	GB/T 5750.6
菌落总数[a]	≤100 CFU/mL	GB/T 5750.12
总大肠菌群	不得检出	GB/T 5750.12

注：[a] 散养模式免测该指标。

②渔业水质

渔业用水水质应符合表 6－4 要求。

表 6-4 渔业用水水质要求

项目	指标		检验方法
	淡水	海水	
色、臭、味	不应有异色、异臭、异味		GB/T 5750.4
pH	6.5～9.0		HJ 1147
生化需氧量（BOD_5）	≤5 mg/L	≤3 mg/L	HJ 505
总大肠菌群	≤500（贝类 50）MPN/100 mL		GB/T 5750.12
总汞	≤0.0005 mg/L	≤0.0002 mg/L	HJ 694
总镉	≤0.005 mg/L		HJ 700
总铅	≤0.05 mg/L	≤0.005 mg/L	HJ 700
总铜	≤0.01 mg/L		HJ 700
总砷	≤0.05 mg/L	≤0.03 mg/L	HJ 694
六价铬	≤0.1 mg/L	≤0.01 mg/L	GB/T 7467
挥发酚	≤0.005 mg/L		HJ 503
石油类	≤0.05 mg/L		HJ 970
活性磷酸盐(以 P 计)	—	≤0.03 mg/L	GB/T 12763.4
高锰酸钾指数	≤6 mg/L	—	GB/T 11892
氨氮	≤1.0 mg/L	—	HJ 536

注：漂浮物质应满足水面不出现油膜或浮沫要求。

③加工用水水质要求

加工用水（含食用盐生产用水等）应符合表 6－5 要求。

表 6－5　加工用水水质要求

项目	指标	检验方法
pH	6.5～8.5	GB/T 5750.4
总汞	≤0.001 mg/L	GB/T 5750.6
总砷	≤0.01 mg/L	GB/T 5750.6
总镉	≤0.005 mg/L	GB/T 5750.6
总铅	≤0.01 mg/L	GB/T 5750.6
六价铬	≤0.05 mg/L	GB/T 5750.6
氰化物	≤0.05 mg/L	GB/T 5750.5
氟化物	≤1.0 mg/L	GB/T 5750.5
菌落总数	≤100 CFU/mL	GB/T 5750.12
总大肠菌群	不得检出	GB/T 5750.12

（3）土壤环境质量要求

草食动物饵料来源主要是牧草，牧草栽种和生产的土壤环境质量应符合表 6－6 要求。

表 6－6　土壤环境质量要求　　单位：mg/kg

项目	水田			检验方法
	pH＜6.5	6.5≤pH≤7.5	pH＞7.5	NY/T 1377
总镉	≤0.30	≤0.30	≤0.40	GB/T 17141
总汞	≤0.30	≤0.40	≤0.40	GB/T 22105.1
总砷	≤20	≤20	≤15	GB/T 22105.2

续表

项目	水田			检验方法
	pH＜6.5	6.5≤pH≤7.5	pH＞7.5	NY/T 1377
总铅	≤50	≤50	≤50	GB/T 17141
总铬	≤120	≤120	≤120	HJ 491
总铜	≤50	≤60	≤60	HJ 491

二、饲料及饲料添加剂使用准则

1. 使用原则

（1）安全优质原则

生产过程中，饲料和饲料添加剂的使用应对养殖动物机体健康无不良影响，所生产的动物产品安全、优质、营养，有利于消费者健康且无不良影响。

（2）绿色环保原则

绿色食品生产中所使用的饲料和饲料添加剂及其代谢产物，应对环境无不良影响，且在畜牧业、渔业产品及排泄物中存留量对环境也无不良影响，有利于生态环境保护和养殖业可持续健康发展。

（3）以天然饲料原料为主原则

提倡优先使用天然饲料原料、天然植物饲料添加剂、微生物制剂、酶制剂和有机微量元素，限制使用通过化学合成的饲料和饲料添加剂。

2. 基本要求

（1）饲料原料的产地环境应符合 NY/T 391 的要求，植物源性饲料原料种植过程中肥料和农药的使用应符合 NY/T 394 和 NY/T 393 的要求，天然植物饲料原料应符合 GB/T 19424 的要求。

（2）饲料和饲料添加剂，应是国务院农业农村主管部门公布的饲料原料目录、饲料添加剂品种目录中的品种；不在目录内的饲料原料和饲料添加剂应是国务院农业农村主管部门批准使用的品种，或是允许进口的饲料和饲料添加剂品种，且使用范围和用量应符合相关规定。

（3）使用的饲料原料、饲料添加剂、混合型饲料添加剂、配合饲料、浓缩饲料及添加剂预混合饲料应符合其产品质量标准的规定。

（4）根据养殖动物不同生理阶段和营养需求配制饲料，原料组成宜多样化，营养全面，各营养素间相互平衡，饲料的配制应当符合营养、健康、节约、环保的理念。

（5）保证草食动物每天都能得到满足其营养需要的粗饲料。在其日粮中，粗饲料、鲜草、青干草或青贮饲料等所占的比例不应低于60%（以干物质计）；对于育肥期肉用畜和泌乳期前3个月的乳用畜，此比例可降低为50%（以干物质计）。

（6）购买的商品饲料，其原料来源和生产过程应符合本节内容的规定。

（7）绿色食品生产单位和饲料企业，应做好饲料及饲料添加剂的相关记录，确保可查证。

3. 卫生要求

饲料的卫生指标应符合GB 13078的规定，饲料添加剂应符合相应卫生标准要求。

（1）使用规定

生产AA级绿色食品的饲料及饲料添加剂，除符合本节内容的要求外，还应执行GB/T 19630的相关规定。

（2）生产A级绿色食品的饲料原料

植物源性饲料原料，应是通过认定的绿色食品及其副产品；

或来源于绿色食品原料标准化生产基地的产品及其副产品；或是按照绿色食品生产方式生产并经认定的原料基地生产的产品及其副产品。

动物源性饲料原料，应只使用乳及乳制品、鱼粉和其他海洋水产动物产品及副产品，其他动物源性饲料不可使用；鱼粉和其他海洋水产动物产品及副产品，应来自经国务院农业农村主管部门认可的产地或加工厂，并有证据证明符合规定要求，其中鱼粉应符合 GB/T 19164 的规定。进口的鱼粉和其他海洋水产动物产品及副产品，应有国家检验检疫部门提供的相关证明和质量报告，并符合相关规定。

宜使用国务院农业农村主管部门公布的饲料原料目录中可饲用天然植物。

不应使用：

——畜禽及餐厨废弃物；

——畜禽屠宰场副产品及其加工产品；

——非蛋白氮；

——鱼及其他海洋水产动物产品及副产品（限反刍动物）。

（3）生产 A 级绿色食品的饲料添加剂、混合型饲料添加剂和添加剂预混合饲料

饲料添加剂、混合型饲料添加剂和添加剂预混合饲料，应选自取得生产许可证的厂家，并具符合规定的产品标准，且饲料添加剂应取得产品批准文号，混合型饲料添加剂和添加剂预混合饲料应按要求在农业农村主管部门指定的备案系统进行备案。进口饲料添加剂，应具有进口产品许可证及质量标准和检验方法，并经出入境部门检验检疫合格。

饲料添加剂的使用，应根据养殖动物的营养需求，按照中华人民共和国农业农村部第 2625 号公告的推荐量合理添加和使

用，严防对环境造成污染。

不应使用制药工业副产品（包括生产抗生素、抗寄生虫药、激素等药物的残渣）。

饲料添加剂的使用，应按照表6－7、表6－8、表6－9、表6－10、表6－11、表6－12、表6－13、表6－14的规定；添加剂中来源于动物蹄角及毛发生产的氨基酸不可使用。

矿物质饲料添加剂中应有不少于60%的种类来源于天然矿物质饲料或有机微量元素产品。

微生物发酵产物来源的饲料添加剂，应符合表6－10的规定。

4. 加工、包装、储存和运输

饲料加工厂房内应有足够的加工场地和充足的光照，以保证生产正常运转，并留有对设备进行日常维修和清理的通道及进出口。

生产绿色食品的饲料和饲料添加剂，应有专门的加工生产车间、专车运输、专库储存、专人管理、专门台账，避免批次之间发生交叉污染。

原料或成品存放地、生产车间、包装车间等场所的地面应具有良好的防潮性能，并实时进行日常保洁，确保地面无残存废水、垃圾、废弃物及杂乱的设备等。

包装应符合NY/T 658的规定要求。

储存和运输应符合NY/T 1056的规定要求。

表6－7所列出的矿物质饲料添加剂可用于A级绿色食品畜牧业、渔业的养殖。

表 6-7 生产 A 级绿色食品允许使用的矿物质饲料添加剂种类

类 别	通用名称	适用范围
矿物元素及其络（螯）合物	氯化钠、硫酸钠、磷酸二氢钠、磷酸氢二钠、磷酸二氢钾、磷酸氢二钾、轻质碳酸钙、氯化钙、磷酸氢钙、磷酸二氢钙、磷酸三钙、乳酸钙、葡萄糖酸钙、硫酸镁、氧化镁、氯化镁、柠檬酸亚铁、富马酸亚铁、乳酸亚铁、硫酸亚铁、氯化亚铁、氯化铁、碳酸亚铁、氯化铜、硫酸铜、碱式氯化铜、氧化锌、氯化锌、碳酸锌、硫酸锌、乙酸锌、碱式氯化锌、氯化锰、氧化锰、硫酸锰、碳酸锰、磷酸氢锰、碘化钾、碘化钠、碘酸钾、碘酸钙、氯化钴、乙酸钴、硫酸钴、亚硒酸钠、钼酸钠、蛋氨酸铜络（螯）合物、蛋氨酸铁络（螯）合物、蛋氨酸锰络（螯）合物、蛋氨酸锌络（螯）合物、赖氨酸铜络（螯）合物、赖氨酸锌络（螯）合物、甘氨酸铜络（螯）合物、甘氨酸铁络（螯）合物、酵母铜、酵母铁、酵母锰、酵母硒、氨基酸铜络合物（氨基酸来源于水解植物蛋白）、氨基酸铁络合物（氨基酸来源于水解植物蛋白）、氨基酸锰络合物（氨基酸来源于水解植物蛋白）、氨基酸锌络合物（氨基酸来源于水解植物蛋白）、氨基酸锌络合物（氨基酸为 L-赖氨酸和谷氨酸）	养殖动物
	蛋白铜、蛋白铁、蛋白锌、蛋白锰	养殖动物（反刍动物除外）
	羟基蛋氨酸类似物络（螯）合锌、羟基蛋氨酸类似物络（螯）合锰、羟基蛋氨酸类似物络（螯）合铜	奶牛、肉牛、家禽和猪

续表

类 别	通用名称	适用范围
	L-硒代蛋氨酸	断奶仔猪、产蛋鸡
	烟酸铬、酵母铬、蛋氨酸铬、吡啶甲酸铬	猪
	丙酸铬	猪、肉仔鸡
	甘氨酸锌	猪
	丙酸锌	猪、牛和家禽
	硫酸钾、三氧化二铁、氧化铜	反刍动物
	碳酸钴	反刍动物
	乳酸锌（α-羟基丙酸锌）	生长育肥猪、家禽
	苏氨酸锌螯合物	猪
	碱式氯化锰	肉仔鸡

注：所列物质包括无水和结晶水形态。

表6-8所列出的维生素可用于A级绿色食品畜牧业、渔业的养殖。

表6-8　生产A级绿色食品允许使用的维生素种类

类 别	通用名称	适用范围
维生素及类维生素	维生素A、维生素A乙酸酯、维生素A棕榈酸酯、β-胡萝卜素、盐酸硫胺（维生素B_1）、硝酸硫胺（维生素B_1）、核黄素（维生素B_2）、盐酸吡哆醇（维生素B_6）、氰钴胺（维生素B_{12}）、L-抗坏血酸（维生素C）、L-抗坏血酸钙、L-抗坏血酸钠、L-抗坏血酸-2-磷酸酯、L-抗坏血酸-6-棕榈酸酯、维生素D_2、维生素D_3、天然维生素E、dl-α-生育酚、	

续表

类 别	通用名称	适用范围
维生素及类维生素	dl-α-生育酚乙酸酯、亚硫酸氢钠甲萘醌（维生素 K_3）、二甲基嘧啶醇亚硫酸甲萘醌、亚硫酸氢烟酰胺甲萘醌、烟酸、烟酰胺、D-泛醇、D-泛酸钙、DL-泛酸钙、叶酸、D-生物素、氯化胆碱、肌醇、L-肉碱、L-肉碱盐酸盐、甜菜碱、甜菜碱盐酸盐	养殖动物
	25-羟基胆钙化醇（25-羟基维生素 D_3）	猪、家禽

表 6-9 所列出的氨基酸可用于 A 级绿色食品畜牧业、渔业的养殖。

表 6-9 生产 A 级绿色食品允许使用的氨基酸种类

类 别	通用名称	适用范围
氨基酸、氨基酸盐及其类似物	L-赖氨酸、液体 L-赖氨酸（L-赖氨酸含量不低于 50%）、L-赖氨酸盐酸盐、L-赖氨酸硫酸盐及其发酵副产物（产自谷氨酸棒杆菌、乳糖发酵短杆菌，L-赖氨酸含量不低于 51%）、DL-蛋氨酸、L-苏氨酸、L-色氨酸、L-精氨酸、L-精氨酸盐酸盐、甘氨酸、L-酪氨酸、L-丙氨酸、天（门）冬氨酸、L-亮氨酸、异亮氨酸、L-脯氨酸、苯丙氨酸、丝氨酸、L-半胱氨酸、L-组氨酸、谷氨酸、谷氨酰胺、缬氨酸、胱氨酸、牛磺酸	养殖动物
	半胱胺盐酸盐	畜禽
	蛋氨酸羟基类似物、蛋氨酸羟基类似物钙盐	猪、鸡、鸭、牛和水产养殖动物

续表

类别	通用名称	适用范围
	N-羟甲基蛋氨酸钙、蛋氨酸羟基类似物异丙酯	反刍动物
	α-环丙氨酸	鸡

表 6-10 所列出的酶制剂、微生物、多糖和寡糖可用于 A 级绿色食品畜牧业、渔业的养殖。

表 6-10　生产 A 级绿色食品允许使用的酶制剂、微生物、多糖和寡糖的种类

类别	通用名称	适用范围
酶制剂	淀粉酶（产自黑曲霉、解淀粉芽孢杆菌、地衣芽孢杆菌、枯草芽孢杆菌、长柄木霉、米曲霉、大麦芽、酸解支链淀粉芽孢杆菌）	青贮玉米、玉米、玉米蛋白粉、豆粕、小麦、次粉、大麦、高粱、燕麦、豌豆、木薯、小米、大米
	α-半乳糖苷酶（产自黑曲霉）	豆粕
	纤维素酶（产自长柄木霉、黑曲霉、孤独腐质霉、绳状青霉）	玉米、大麦、小麦、麦麸、黑麦、高粱
	β-葡聚糖酶（产自黑曲霉、枯草芽孢杆菌、长柄木霉、绳状青霉、解淀粉芽孢杆菌、棘孢曲霉）	小麦、大麦、菜籽粕、小麦副产物、去壳燕麦、黑麦、黑小麦、高粱

续表 1

类 别	通用名称	适用范围
酶制剂	葡萄糖氧化酶（产自特异青霉、黑曲霉）	葡萄糖
	脂肪酶（产自黑曲霉、米曲霉）	动物/植物源性油脂或脂肪
	麦芽糖酶（产自枯草芽孢杆菌）	麦芽糖
	β-甘露聚糖酶（产自迟缓芽孢杆菌、黑曲霉、长柄木霉）	玉米、豆粕、椰子粕
	果胶酶（产自黑曲霉、棘孢曲霉）	玉米、小麦
	植酸酶（产自黑曲霉、米曲霉、长柄木霉、毕赤酵母）	玉米、豆粕等含有植酸的植物籽实及其加工副产品类饲料原料
	蛋白酶（产自黑曲霉、米曲霉、枯草芽孢杆菌、长柄木霉）	植物和动物蛋白
	角蛋白酶（产自地衣芽孢杆菌）	植物和动物蛋白
	木聚糖酶（产自米曲霉、孤独腐质霉、长柄木霉、枯草芽孢杆菌、绳状青霉、黑曲霉、毕赤酵母）	玉米、大麦、黑麦、小麦、高粱、黑小麦、燕麦
	饲用黄曲霉毒素 B_1 分解酶（产自发光假蜜环菌）	肉鸡、仔猪
	溶菌酶	仔猪、肉鸡

续表 2

类 别	通用名称	适用范围
微生物	地衣芽孢杆菌、枯草芽孢杆菌、两歧双歧杆菌、粪肠球菌、屎肠球菌、乳酸肠球菌、嗜酸乳杆菌、干酪乳杆菌、德式乳杆菌乳酸亚种（原名：乳酸乳杆菌）、植物乳杆菌、乳酸片球菌、戊糖片球菌、产朊假丝酵母、酿酒酵母、沼泽红假单胞菌、婴儿双歧杆菌、长双歧杆菌、短双歧杆菌、青春双歧杆菌、嗜热链球菌、罗伊氏乳杆菌、动物双歧杆菌、黑曲霉、米曲霉、迟缓芽孢杆菌、短小芽孢杆菌、纤维二糖乳杆菌、发酵乳杆菌、德氏乳杆菌保加利亚亚种（原名：保加利亚乳杆菌）	养殖动物
	产丙酸丙酸杆菌、布氏乳杆菌	青贮饲料、牛饲料
	副干酪乳杆菌	青贮饲料
	凝结芽孢杆菌	肉鸡、生长育肥猪和水产养殖动物
	侧孢短芽孢杆菌（原名：侧孢芽孢杆菌）	肉鸡、肉鸭、猪、虾
	丁酸梭菌	断奶仔猪、肉仔鸡
多糖和寡糖	低聚木糖（木寡糖）	鸡、猪、水产养殖动物
	低聚壳聚糖	猪、鸡和水产养殖动物

续表 3

类 别	通用名称	适用范围
多糖和寡糖	半乳甘露寡糖	猪、肉鸡、兔和水产养殖动物
	果寡糖、甘露寡糖、低聚半乳糖	养殖动物
	壳寡糖［寡聚β-（1-4）-2-氨基-2-脱氧-D-葡萄糖］（n=2～10）	猪、鸡、肉鸭、虹鳟鱼
	β-1，3-D-葡聚糖（源自酿酒酵母）	水产养殖动物
	N，O-羧甲基壳聚糖	猪、鸡
	低聚异麦芽糖	蛋鸡、断奶仔猪
	褐藻酸寡糖	肉鸡、蛋鸡

注：1. 酶制剂的适用范围为典型底物，仅作为推荐，并不包括所有可用底物；

2. 目录中所列长柄木霉亦可称为长枝木霉或李氏木霉。

表 6-11 所列出的抗氧化剂可用于 A 级绿色食品畜牧业、渔业的养殖。

表 6-11 生产 A 级绿色食品允许使用的抗氧化剂种类

类 别	通用名称	适用范围
抗氧化剂	乙氧基喹啉、丁基羟基茴香醚（BHA）、二丁基羟基甲苯（BHT）、没食子酸丙酯、特丁基对苯二酚（TBHQ）、茶多酚、维生素 E、L-抗坏血酸-6-棕榈酸酯、L-抗坏血酸钠	养殖动物
	姜黄素	淡水鱼类

表 6－12 所列出的防腐剂、防霉剂和酸度调节剂可用于 A 级绿色食品畜牧业、渔业的养殖。

表 6－12　生产 A 级绿色食品允许使用的防腐剂、防霉剂和酸度调节剂

类别	通用名称	适用范围
防腐剂、防霉剂和酸度调节剂	甲酸、甲酸铵、甲酸钙、乙酸、双乙酸钠、丙酸、丙酸铵、丙酸钠、丙酸钙、丁酸、丁酸钠、乳酸、山梨酸、山梨酸钠、山梨酸钾、富马酸、柠檬酸、柠檬酸钾、柠檬酸钠、柠檬酸钙、酒石酸、苹果酸、磷酸、氢氧化钠、碳酸氢钠、氯化钾、碳酸钠	养殖动物
	乙酸钙	畜禽
	二甲酸钾	猪
	氯化铵	反刍动物
	亚硫酸钠	青贮饲料

表 6－13 所列出的黏结剂、抗结块剂、稳定剂和乳化剂可用于 A 级绿色食品畜牧业、渔业的养殖。

表 6－13　生产 A 级绿色食品允许使用的黏结剂、抗结块剂、稳定剂和乳化剂

类别	通用名称	适用范围
黏结剂、抗结块剂、稳定剂和乳化剂	α-淀粉、三氧化二铝、可食脂肪酸钙盐、可食用脂肪酸单/双甘油酯、硅酸钙、硅铝酸钠、硫酸钙、硬脂酸钙、甘油脂肪酸酯、聚丙烯酸树脂Ⅱ、山梨醇酐单硬脂酸酯、丙二醇、二氧化硅（沉淀并经干燥的硅酸）、卵磷脂、海藻酸钠、海藻	养殖动物

续表 1

类 别	通用名称	适用范围
黏结剂、抗结块剂、稳定剂和乳化剂	酸钾、海藻酸铵、琼脂、瓜尔胶、阿拉伯树胶、黄原胶、甘露糖醇、木质素磺酸盐、羧甲基纤维素钠、聚丙烯酸钠、山梨醇酐脂肪酸酯、蔗糖脂肪酸酯、焦磷酸二钠、单硬脂酸甘油酯、聚乙二醇400、磷脂、聚乙二醇甘油蓖麻酸酯、辛烯基琥珀酸淀粉钠、乙基纤维素、聚乙烯醇、紫胶、羟丙基甲基纤维素	养殖动物
	丙三醇	猪、鸡和鱼
	硬脂酸	猪、牛和家禽

表 6－14 所列出的饲料添加剂亦可用于 A 级绿色食品畜牧业、渔业的养殖。

表 6－14　生产 A 级绿色食品允许使用的其他类饲料添加剂

类 别	通用名称	适用范围
其他	天然类固醇萨洒皂角苷（源自丝兰）、天然三萜烯皂角苷（源自可来雅皂角树）、二十二碳六烯酸（DHA）	养殖动物
	糖萜素（源自山茶籽饼）	猪和家禽
	乙酰氧肟酸	反刍动物
	苜蓿提取物（有效成分为苜蓿多糖、苜蓿黄酮、苜蓿皂苷）	仔猪、生长育肥猪、肉鸡
	杜仲叶提取物（有效成分为绿原酸、杜仲多糖、杜仲黄酮）	生长育肥猪、鱼、虾

续表 1

类 别	通用名称	适用范围
其他	淫羊藿提取物（有效成分为淫羊藿苷）	鸡、猪、绵羊、奶牛
	共轭亚油酸	仔猪、蛋鸡
	4，7-二羟基异黄酮（大豆黄酮）	猪、产蛋家禽
	地顶孢霉培养物	猪、鸡、泌乳奶牛
	紫苏籽提取物（有效成分为α-亚油酸、亚麻酸、黄酮）	猪、肉鸡、鱼
	植物甾醇（源于大豆油/菜籽油，有效成分为β-谷甾醇、菜油甾醇、豆甾醇）	家禽、生长育肥猪
	藤茶黄酮	鸡
	植物炭黑	养殖动物
	胆汁酸	产蛋鸡、肉仔鸡、断奶仔猪、淡水鱼
	水飞蓟宾	淡水鱼
	吡咯并喹啉醌二钠	肉仔鸡
	鞣酸蛋白	断奶仔猪
	三丁酸甘油酯	肉仔鸡
	槲皮万寿菊素	肉仔鸡
	枯草三十七肽	肉鸡
	腺苷七肽	断奶仔猪

三、兽药使用准则

1. 基本要求

（1）动物饲养环境应符合 NY/T 391 的规定。应加强饲养管理，供给动物充足的营养。按 NY/T 473 的规定，做好动物卫生防疫工作，建立生物安全体系，采取各种措施减少应激，增强动物的免疫力和抗病力。

（2）按《中华人民共和国动物防疫法》和《中华人民共和国畜牧法》的规定，进行动物疫病的预防和控制，合理使用饲料、饲料添加剂和兽药等投入品。

（3）在养殖过程中宜不用或少用药物。确需使用兽药时，应在执业兽医指导下，按本节内容规定，在可使用的兽药中选择使用，并严格执行药物用量、用药时间、休药期等。

（4）所用兽药应来自取得兽药生产许可证和具有批准文号的生产企业，或在中国取得进口兽药注册证书的供应商。使用的兽药质量应符合《中华人民共和国兽药典》和农业农村部公告第 2513 号的规定。

（5）不应使用假、劣兽药以及国务院兽医行政管理部门规定禁止使用的药品和其他化合物；不应将未批准兽用的人用药物用于动物。

（6）按照国家有关规定和要求，使用有国家兽药批准文号或经农业农村部备案的药物残留检测或动物疫病诊断的胶体金试剂卡、酶联免疫吸附试验（ELISA）反应试剂以及聚合酶链式反应（PCR）诊断试剂等诊断制品。

（7）兽药使用应符合《中华人民共和国兽药典》、国务院令第 726 号、农业农村部公告第 2513 号、GB 31650、农业农村部海关总署公告第 369 号、农业农村部公告第 250 号和其他有关农业农村部公告的规定，建立兽药使用记录。

2. 生产 AA 级绿色食品的兽药使用规定

执行 GB/T 19630 的相关规定。

3. 生产 A 级绿色食品的兽药使用规定

（1）可使用的药物种类

①优先使用 GB/T 19630 规定的兽药、GB 31650 允许用于食品动物但不需要制定残留限量的兽药、《中华人民共和国兽药典》和农业农村部公告第 2513 号中无休药期要求的兽药。

②国务院兽医行政管理部门批准的微生态制品、中药制剂和生物制品。

③中药类的促生长药物饲料添加剂。

④国家兽医行政管理部门批准的高效、低毒和对环境污染低的消毒剂。

（2）不应使用的药物种类

①GB 31650 中规定的禁用药物，超出《中华人民共和国兽药典》和农业农村部公告第 2513 号中作用与用途的规定范围使用药物。

②农业农村部公告第 176 号、农业农村部公告第 250 号、农业农村部公告第 1519 号、农业农村部公告第 2292 号、农业农村部公告第 2428 号、农业农村部公告第 2583 号、农业农村部公告第 2638 号等国家明令禁止在饲料、动物饮水和食品动物中使用的药物。

③农业农村部公告第 194 号规定的含促生长类药物的药物饲料添加剂；不应使用任何促生长类的化学药物。

④生产 A 级绿色食品不应使用的药物，见表 6－15。产蛋供人食用的家禽（鹅），在产蛋期不应使用表 6－16 所列药物；产乳供人食用的牛、羊等，在泌乳期不应使用表 6－17 所列

药物。

⑤酚类消毒剂。产蛋期时不应使用酚类消毒剂。

⑥国家新禁用或列入限制使用兽药名录的药物。

⑦表 6-15、表 6-16、表 6-17 中所列的药物在国家新颁布标准或法规以后，若允许食品动物使用且无残留限量要求时，将自动从列表中移除。若有限量要求时应在安全评估后，决定是否从列表中移除。

4. 兽药使用记录

（1）建立兽药使用记录和档案管理应符合 NY/T 3445 的规定。

（2）应建立兽药采购入库记录，记录内容包括：商品名称、通用名称、主要成分、生产单位、采购来源、生产批号、规格、数量、有效期、贮存条件等。

（3）应建立兽药使用、消毒、动物免疫、动物疫病诊疗、诊断制品使用等记录。各种记录应包括以下所列内容：

——兽药使用记录，包括商品名称、通用名称、生产单位、采购来源、生产批号、规格、有效期、使用目的、使用剂量、给药途径、给药时间、不良反应、休药期、给药人员等。

——消毒记录，包括商品名称、通用名称、消毒剂浓度、配制比例、消毒方式、消毒场所、消毒日期、消毒人员等。

——动物免疫记录，包括疫苗通用名称、商品名称、生产单位、生产批号、剂量、免疫方法、免疫时间、免疫持续期、免疫人员等。

——动物疫病诊疗记录，包括动物种类、发病数量、圈（舍）号、发病时间、症状、诊断结论、用药名称、用药剂量、使用方法、使用时间、休药期、诊断人员等。

——诊断制品使用记录，包括诊断制品名称、生产单位、生产批号、规格、有效期、使用数量、使用方法、诊断结果、诊断时间、诊断人员、审核人员等。

（4）每年应对兽药生产供应商和兽药使用效果进行一次评价，为下一年兽药采购和使用提供依据。

（5）兽药使用记录档案应由专人负责归档，妥善保管。兽药使用记录档案保存时间应符合 NY/T 3445 的规定，应在产品上市后保存 2 年以上。

表 6-15　生产 A 级绿色食品不应使用的药物目录

序号	种类		药物名称	用途
1	β-受体激动剂类		所有 β-受体激动剂（β-agonists）类及其盐、酯及制剂	所有用途
2	激素类	性激素类	己烯雌酚（diethylstilbestrol）、己二烯雌酚（dienoestrol）、己烷雌酚（hexestrol）、雌二醇（estradiol）、戊酸雌二醇（estradiol valcrate）、苯甲酸雌二醇（estradiol benzoate）及其盐、酯及制剂	所有用途
		同化激素类	甲基睾丸酮（methytestosterone）、丙酸睾酮（testosterone propinate）、群勃龙（去甲雄三烯醇酮，trenbolone）、苯丙酸诺龙（nandrolone phenylpropionate）、及其盐、酯及制剂	所有用途
		具雌激素样作用的物质	醋酸甲孕酮（mengestrolacetate）、醋酸美仑孕酮（melengestrol acetate）、玉米赤霉醇类（zeranol）、醋酸氯地孕酮（chlormadinone Acetate）	所有用途

续表 1

序号	种类		药物名称	用途
3	催眠、镇静类		安眠酮（methaqualone）	所有用途
			氯丙嗪（chlorpromazine）、地西泮（安定，diazepam）、苯巴比妥（phenobarbital）、盐酸可乐定（clonidine hydrochloride）、盐酸赛庚啶（cyproheptadine hydrochloride）、盐酸异丙嗪（promethazine hydrochloride）	所有用途
4	抗菌药类	砜类抑菌剂	氨苯砜（dapsone）	所有用途
		酰胺醇类	氯霉素（chloramphenicol）及其盐、酯	所有用途
		硝基呋喃类	呋喃唑酮（furazolidone）、呋喃西林（furacillin）、呋喃妥因（nitrofurantoin）、呋喃它酮（furaltadone）、呋喃苯烯酸钠（nifurstyrenate sodium）	所有用途
		硝基化合物	硝基酚钠（sodium nitrophenolate）、硝呋烯腙（nitrovin）	所有用途
		磺胺类及其增效剂	所有磺胺类（sulfonamides）及其增效剂（temper）的盐、及制剂	所有用途
		喹诺酮类	诺氟沙星（norfloxacin）、氧氟沙星（ofloxacin）、培氟沙星（pefloxacin）、洛美沙星（lomefloxacin）	所有用途
			恩诺沙星（enrofloxacin）	乌鸡养殖
		大环内酯类	阿奇霉素（azithromycin）	所有用途
		糖肽类	万古霉素（vancomycin）及其盐、酯	所有用途

续表 2

序号	种类		药物名称	用途
4	抗菌药类	喹噁啉类	卡巴氧（carbadox）、喹乙醇（olaquindox）、喹烯酮（quinocetone）、乙酰甲喹（mequindox）及其盐、酯及制剂	所有用途
		多肽类	硫酸黏菌素（colistin sulfate）	促生长
		有机胂制剂	洛克沙胂（roxarsone）、氨苯胂酸（阿散酸，arsanilic acid）	所有用途
		抗生素滤渣	抗生素滤渣（antibiotic filter residue）	所有用途
5	抗寄生虫类	苯并咪唑类	阿苯达唑（albendazole）、氟苯达唑（flubendazole）、噻苯达唑（thiabendazole）、甲苯咪唑（mebendazole）、奥苯达唑（oxibendazole）、三氯苯达唑（triclabendazole）、非班太尔（fenbantel）、芬苯达唑（fenbendazole）、奥芬达唑（oxfendazole）及制剂	所有用途
		抗球虫类	氯羟吡啶（clopidol）、氨丙啉（amprolini）、氯苯胍（robenidine）、盐霉素（salinomycin）及其盐和制剂	所有用途
		硝基咪唑类	甲硝唑（metronidazole）、地美硝唑（dimetronidazole）、替硝唑（tinidazole）、洛硝达唑（ronidazole）及其盐、酯及制剂	所有用途
		氨基甲酸酯类	甲萘威（carbaryl）、呋喃丹（克百威，carbofuran）及制剂	杀虫剂

续表 3

序号	种类		药物名称	用途
5	抗寄生虫类	有机氯杀虫剂	六六六（BHC，benzene hexachloride）、滴滴涕（DDT，dichloro-diphenyl-tricgloroethane）、林丹（lindane）、毒杀芬（氯化烯，camahechlor）及制剂	杀虫剂
		有机磷杀虫剂	敌百虫（trichlorfon）、敌敌畏（DDV，dichlorvos）、皮蝇磷（fenchlorphos）、氧硫磷（oxinothiophos）、二嗪农（diazinon）、倍硫磷（fenthion）、毒死蜱（chlorpyrifos）、蝇毒磷（coumaphos）、马拉硫磷（malathion）及制剂	杀虫剂
		汞制剂	氯化亚汞（甘汞，calomel）、硝酸亚汞（mercurous nitrate）、醋酸汞（mercurous acetate）、吡啶基醋酸汞（pyridyl mercurous acetate）及制剂	杀虫剂
		其他杀虫剂	杀虫脒（克死螨，chlordimeform）、双甲脒（amitraz）、酒石酸锑钾（antimony potassium tartrate）、锥虫胂胺（tryparsamide）、孔雀石绿（malachite green）、五氯酚酸钠（pentachlorophenol sodium）、潮霉素 B（hygromycin B）、非泼罗尼（氟虫腈，fipronil）	杀虫剂
6	抗病毒类药物		金刚烷胺（amantadine）、金刚乙胺（rimantadine）、阿昔洛韦（aciclovir）、吗啉（双）胍（病毒灵，moroxydine）、利巴韦林（ribavirin）等及其盐、酯及单、复方制剂	抗病毒

表 6－16　产蛋期不应使用的药物目录

序号	种类		药物名称
1	抗菌药类	四环素类	四环素（tetracycline）、多西环素（doxycycline）
		β-内酰胺类	阿莫西林（amoxicillin）、氨苄西林（ampicillin）、青霉素/普鲁卡因青霉素（benzylpenicillin/procaine benzylpenicillin）、苯唑西林（oxacillin）、氯唑西林（cloxacillin）及制剂
		寡糖类	阿维拉霉素（avilamycin）
		氨基糖苷类	新霉素（neomycin）、安普霉素（apramycin）、大观霉素（spectinomycin）、卡那霉素（kanamycin）
		酰胺醇类	氟苯尼考（florfenicol）、甲砜霉素（thiamphenicol）
		林可胺类	林可霉素（lincomycin）
		大环内酯类	红霉素（erythromycin）、泰乐菌素（tylosin）、吉他霉素（kitasamycin）、替米考星（tilmicosin）、泰万菌素（tylvalosin）
		喹诺酮类	达氟沙星（danofloxacin）、恩诺沙星（enrofloxacin）、环丙沙星（ciprofloxacin）、沙拉沙星（sarafloxacin）、二氟沙星（difloxacin）、氟甲喹（flumequine）、噁喹酸（oxolinic acid）
		多肽类	那西肽（nosiheptide）、恩拉霉素（enramycin）、维吉尼亚霉素（virginiamycin）
		聚醚类	海南霉素钠（hainanmycin sodium）

续表

序号	种类	药物名称
2	抗寄生虫类	越霉素A（destomycin A）、二硝托胺（dinitolmide）、马度米星铵（maduramicin ammonium）、地克珠利（diclazuril）、托曲珠利（toltrazuril）、左旋咪唑（levamisole）、癸氧喹酯（decoquinate）、尼卡巴嗪（nicarbazin）
3	解热镇痛类	阿司匹林（aspirin）、卡巴匹林钙（carbasalate calcium）

表 6-17 泌乳期不应使用的药物目录

序号	种类		药物名称
1	抗菌药类	四环素类	四环素（tetracycline）、多西环素（doxycycline）
		β-内酰胺类	苄星氯唑西林（benzathine cloxacillin）
		大环内酯类	替米考星（tilmicosin）、泰拉霉素（tulathromycin）
		酰胺醇类	氟苯尼考（florfenicol）
		喹诺酮类	二氟沙星（difloxacin）
		氨基糖苷类	安普霉素（apramycin）
2	抗寄生虫类	抗寄生虫类	阿维菌素（avermectin）、伊维菌素（ivermectin）、左旋咪唑（levamisole）、碘醚柳胺（rafoxanide）、托曲珠利（toltrazuril）、环丙氨嗪（cyromazine）、氟氯苯氰菊酯（flumethrin）、常山酮（halofuginone）、巴胺磷（propetamphos）、癸氧喹酯（decoquinate）、吡喹酮（praziquantel）

续表

序号	种类	药物名称
3	镇静类	赛拉嗪（xylazine）
4	性激素	黄体酮（progesterone）
5	解热镇痛类	阿司匹林（aspirin）、水杨酸钠（sodium salicylate）

四、渔药使用准则

草食鱼类疾病采取经常加注新水、定期水体消毒、投喂新鲜饲料等措施预防，发病后及时用药防治，渔药使用应符合 NY/T 755 的规定。

1. 渔药使用的基本原则

（1）水产品生产环境质量应符合 NY/T 391 的要求。生产者应按农业农村部《水产养殖质量安全管理规定》实施健康养殖。采取各种措施避免应激，增强水产养殖动物自身的抗病力，减少疾病的发生。

（2）按《中华人民共和国动物防疫法》的规定，加强水产养殖动物疾病的预防，在养殖生产过程中尽量不用或少用药物。确需使用渔药时，应选择高效、低毒、低残留的渔药，应保证水资源和相关生物不遭受损害，保护生物循环和生物多样性，保障生产水域质量稳定。在水产动物病害控制过程中，应在水生动物类执业兽医的指导下用药。停药期应满足农业农村部公告第 278 号规定、《中国兽药典兽药使用指南化学药品卷》（2010 版）的规定。

（3）所用渔药应符合农业农村部公告第 1435 号、第 1506 号、第 1759 号规定，应来自取得生产许可证和产品批号文号的生产企业，或者取得《进口兽药登记许可证》的供应商。

（4）用于预防或治疗疾病的渔药应符合中华人民共和国农业农村部《中华人民共和国兽药典》《兽药质量标准》《兽用生物制品质量标准》《进口兽药质量标准》等有关规定。

2. 生产A级绿色食品水产品的渔药使用规定

（1）优先选用GB/T 19630.1规定的渔药。

（2）A级绿色食品生产允许使用的中药成方制剂和单方制剂渔药清单见表6－18。

（3）A级绿色食品生产允许使用的化学渔药清单见表6－19。A级绿色食品生产允许使用的渔用疫苗清单见表6－20。

（4）所有使用的渔药应来自具有生产许可证和产品批准文号的生产企业，或者具有《进口兽药登记许可证》的供应商。

（5）不应使用的药物种类。

①不应使用中华人民共和国农业农村部公告第176号、第193号、第235号、第560号和第1519号中规定的渔药。

②不应使用药物饲料添加剂。

③不应为了促进养殖水产动物生长而使用抗菌药物、激素或其他生长促进剂。

④不应使用通过基因工程技术生产的渔药。

（6）渔药的使用应建立用药记录。

①应满足健康养殖的记录要求。

②应建立渔药入库、出库登记制度，应记录药物的商品名称、通用名称、主要成分、批号、有效期、贮存条件等。

③建立并保存消毒记录，包括消毒剂种类、批号、生产单位、剂量、消毒方式、消毒频率或时间等。建立并保存水产动物的免疫程序记录，包括疫苗种类、使用方法、剂量、批号、生产单位等。建立并保存患病水产动物的治疗记录，包括水产动物标志、发病时间及症状、药物种类、使用方法及剂量、治

疗时间、疗程、停药时间、所用药物的商品名称及主要成分、生产单位及批号等。

④所有记录资料应在产品上市后保存两年以上。

表 6－18　A 级绿色食品生产允许使用的中药成方制剂和单方制剂渔药清单

名称	备注
七味板蓝根散	清热解毒，益气固表。主治甲鱼白底板病、鳃腺炎
三黄散（水产用）	清热解毒。主治细菌性败血症、烂鳃、肠炎和赤皮
大黄五倍子散	清热解毒，收湿敛疮。主治细菌性肠炎、烂鳃、烂肢、疖疮与腐皮病
大黄末（水产用）	健胃消食，泻热通肠，凉血解毒，破积行瘀。主治细菌性烂鳃、赤皮病、腐皮和烂尾病
大黄解毒散	清热燥湿，杀虫。主治败血症
山青五黄散	清热泻火、理气活血。主治细菌性烂鳃、肠炎、赤皮和败血症
川楝陈皮散	驱虫，消食。主治绦虫病、线虫病
五倍子末	敛疮止血。主治水产养殖动物水霉病、鳃霉病
六味黄龙散	清热燥湿，健脾理气。预防虾白斑综合征
双黄白头翁散	清热解毒、凉血止痢。主治细菌性肠炎
双黄苦参散	清热解毒。主治细菌性肠炎、烂鳃与赤皮
石知散（水产用）	泻火解毒，清热凉血。主治鱼类细菌性败血症
龙胆泻肝散（水产用）	泻肝胆实火，清三焦湿热。主要用于治疗鱼类、虾、蟹等水产动物的脂肪肝、肝中毒、急性或亚急性肝坏死及胆囊肿大、胆汁变色等病症

续表 1

名称	备注
地锦草末	清热解毒，凉血止血。防治由弧菌、气单胞菌等引起的鱼肠炎、败血症等细菌性疾病
地锦鹤草散	清热解毒，止血止痢。主治烂鳃、赤皮、肠炎、白头白嘴等细菌性疾病
百部贯众散	杀虫，止血。主治黏孢子虫病
肝胆利康散	清肝利胆。主治肝胆综合征
驱虫散（水产用）	驱虫。辅助性用于寄生虫的驱除
板蓝根大黄散	清热解毒。主治鱼类细菌性败血症、细菌性肠炎
芪参散	扶正固本。用于增强水产动物的免疫功能，提高抗应激能力
苍术香连散（水产用）	清热燥湿。主治细菌性肠炎
虎黄合剂	清热，解毒，杀虫。主治嗜水气单胞菌感染
连翘解毒散	清热解毒，祛风除湿。主治黄鳝、鳗鲡发狂病
青板黄柏散	清热解毒。主治细菌性败血症、肠炎、烂鳃、竖鳞与腐皮
青连白贯散	清热解毒，凉血止血。主治细菌性败血症、肠炎、赤皮病、打印病与烂尾病
青莲散	清热解毒。主治细菌感染引起的肠炎、出血与败血症
穿梅三黄散	清热解毒。主治细菌性败血症、肠炎、烂鳃与赤皮病
苦参末	清热燥湿，驱虫杀虫。主治鱼类车轮虫、指环虫、三代虫病等寄生虫病以及细菌性肠炎、出血性败血症

续表 2

名称	备注
虾蟹脱壳促长散	促脱壳，促生长。用于虾、蟹脱壳迟缓
柴黄益肝散	清热解毒，保肝利胆。主治鱼肝肿大、肝出血和脂肪肝
根莲解毒散	清热解毒，扶正健脾，理气化食。主治细菌性败血症、赤皮和肠炎
清热散（水产用）	清热解毒，凉血消斑。主治鱼类病毒性出血病
清健散	清热解毒，益气健胃。主治细菌性肠炎
银翘板蓝根散	清热解毒。主治对虾白斑病、河蟹颤抖病
黄连解毒散（水产用）	泻火解毒。用于鱼类细菌性、病毒性疾病的辅助性防治
雷丸槟榔散	驱杀虫。主治车轮虫病和锚头鳋病
蒲甘散	清热解毒。主治细菌感染引起的细菌性败血症、肠炎、烂鳃、竖鳞与腐皮

注：新研制且国家批准用于水产养殖的中草药及其成药制剂渔药适用于本表。

表 6－19　A 级绿色食品生产允许使用的化学渔药清单

类别	名称	备注
渔用环境改良剂	过氧化氢溶液（水产用）	增氧剂。用于增加水体溶解氧
	过碳酸钠（水产用）	水质改良剂。用于缓解和解除鱼、虾、蟹等水产养殖动物因缺氧引起的浮头和泛塘
渔用抗寄生虫药	地克珠利预混剂（水产用）	抗原虫药。用于防治鲤科鱼类黏孢子虫、碘泡虫、尾孢虫、四极虫、单极虫等孢子虫病

续表 1

类别	名称	备注
渔用抗寄生虫药	阿苯达唑粉（水产用）	抗蠕虫药。主要用于治疗海水养殖鱼类由双鳞盘吸虫、贝尼登虫引起的寄生虫病，淡水养殖鱼类由指环虫、三代虫等引起的寄生虫病
	硫酸锌三氯异氰脲酸粉（水产用）	杀虫药。用于杀灭或驱除河蟹、虾类等水产养殖动物的固着类纤毛虫
	硫酸锌粉（水产用）	杀虫剂。用于杀灭或驱除河蟹、虾类等水产养殖动物的固着类纤毛虫
渔用抗微生物药	氟苯尼考注射液	酰胺醇类抗生素。用于巴氏杆菌和大肠埃希菌感染
	氟苯尼考粉	酰胺醇类抗生素。用于巴氏杆菌和大肠埃希菌感染
	盐酸多西环素粉（水产用）	四环素类抗生素。用于治疗鱼类由弧菌、嗜水气单胞菌、爱德华氏菌等引起的细菌性疾病
	硫酸新霉素粉（水产用）	氨基糖苷类抗生素。用于治疗鱼、虾、河蟹等水产动物由气单胞菌、爱德华氏菌及弧菌等引起的肠道疾病
渔用生理调节剂	亚硫酸氢钠甲萘醌粉（水产用）	维生素类药。用于辅助治疗鱼、鳗、鳖等水产养殖动物的出血、败血症
	注射用复方绒促性素A型（水产用）	激素类药。用于鲢、鳙亲鱼的催产

续表 2

类别	名称	备注
渔用生理调节剂	注射用复方绒促性素 B 型（水产用）	用于鲢、鳙亲鱼的催产
	维生素 C 钠粉（水产用）	维生素类药。用于预防和治疗水产动物的维生素 C 缺乏症
渔用消毒剂	次氯酸钠溶液（水产用）	消毒药。用于养殖水体的消毒。防治鱼、虾、蟹等水产养殖动物由细菌性感染引起的出血、烂鳃、腹水、肠炎、疖疮、腐皮等疾病
	含氯石灰（水产用）	消毒药。用于水体的消毒，防治水产养殖动物由弧菌、嗜水气单胞菌、爱德华氏菌等引起的细菌性疾病
	蛋氨酸碘溶液	消毒药。用于对虾白斑综合征。用于水体、对虾和鱼类体表消毒
	聚维酮碘溶液（水产用）	消毒防腐药。用于养殖水体的消毒。防治水产养殖动物由弧菌、嗜水气单胞菌、爱德华氏菌等引起的细菌性疾病

注：国家新禁用或列入限用的渔药自动从该清单中删除。

表 6－20　A 级绿色食品生产允许使用的渔用疫苗清单

名称	备注
大菱鲆迟钝爱德华氏菌活疫苗（EIBAV1 株）	预防由迟钝爱德华氏菌引起的大菱鲆腹水病，免疫期为 3 个月
牙鲆鱼溶藻弧菌、鳗弧菌、迟缓爱德华病多联抗独特型抗体疫苗	预防牙鲆鱼溶藻弧菌、鳗弧菌、迟缓爱德华病。免疫期为 5 个月

续表

名称	备注
鱼虹彩病毒病灭活疫苗	预防真鲷、鰤鱼属、拟鲹的虹彩病毒病
草鱼出血病灭活疫苗	预防草鱼出血病。免疫期12个月
草鱼出血病活疫苗（GCHV－892株）	预防草鱼出血病
嗜水气单胞菌败血症灭活疫苗	预防淡水鱼类特别是鲤科鱼的嗜水气单胞菌败血症，免疫期为6个月

注：国家新禁用或列入限用的渔药自动从该清单中删除。

五、畜禽饲养场卫生防疫要求

1. 场址选择、建设条件、规划布局要求

（1）家畜饲养场场址选择、建设条件、规划布局要求应符合NY/T 2661、NY/T 2662、NY/T 2663、NY/T 2665的要求；蛋用、肉用家禽的建设、规划布局要求应分别参照NY/T 2664和NY/T 2666要求。

（2）饲养场周围应具备就地存放粪污的足够场地和排污条件，且应设立无害化处理设施设备。

（3）场区入口应设置能够满足运输工具消毒的设施，人员入口设消毒池，并设置紫外消毒间、喷淋室、淋浴更衣间等。

（4）饲养人员、畜禽和其他生产资料的运转应分别采取不交叉的单一流向，减少污染和动物疫病传播。

（5）畜禽饲养场所环境质量及卫生控制应符合NY/T 1167的相关要求。

（6）绿色食品畜禽饲养场还应满足以下要求：

①应选择水源充足、无污染和生态条件良好的地区，且应

距离交通要道、城镇、居民区、医疗机构、公共场所、工矿企业 2 km 以上，距离垃圾处理场、垃圾填埋场、风景旅游区、点污染源 5 km 以上。污染场所或地区应处于场址常年主导风向的下风向。

②应有足够畜禽自由活动的场所、设施设备，以充分保障动物福利。

③生态、大气环境和畜禽饮用水水质应符合 NY/T 391 的要求。

④应配备满足生产需要的兽医场所，并具备常规的化验检验条件。

2. 畜禽饲养场饲养管理、防疫要求

（1）畜禽饲养场卫生防疫，宜加强畜禽饲养管理，提高畜禽机体的抗病能力，减少动物应激反应，控制和杜绝传染病的发生、传播和蔓延，建立“预防为主”的策略，不用或少用防疫用兽药。

（2）畜禽养殖场应建立质量管理体系，并按照 NY/T 1569 的规定执行；建立畜禽饲养场卫生防疫管理制度。

（3）同一饲养场所内不应混养不同种类的畜禽，畜禽的饲养密度、通风设施、采光等条件宜满足动物福利要求。不同畜禽饲养密度应符合表 6－21 要求。

表 6－21　不同畜禽饲养密度要求

<table>
<tr><th colspan="2">畜禽种类</th><th>饲养密度</th></tr>
<tr><td rowspan="3">蛋禽</td><td>后备家禽</td><td>10～20 只/m²</td></tr>
<tr><td rowspan="2">产蛋家禽</td><td>10～20 只/m²（平养）</td></tr>
<tr><td>10～15 只/m²（笼养）</td></tr>
<tr><td>肉禽</td><td>商品肉禽舍</td><td>20～30 kg/m²</td></tr>
</table>

续表

畜禽种类		饲养密度
猪	育肥猪	0.7～0.9m²/头（≤50 kg）
		1～1.2m²/头（>50 kg，≤85 kg）
		1.3～1.5m²/头（>85 kg）
	仔猪（40 日龄或体重≤30 kg）	0.5～0.8m²/头
牛	奶牛	4～7m²/头（栓系式）
		3～5m²/头（散栏式）
	肉牛	1.2～1.6m²/头（≤100 kg）
		2.3～2.7m²/头（>100 kg，≤200 kg）
		3.8～4.2m²/头（>200 kg，≤350 kg）
		5.0～5.5m²/头（>350 kg）
	公牛	7～10m²/头
羊	绵羊、山羊	1～1.5m²/头
	羔羊	0.3～0.5m²/头

（4）畜禽饲养场应建立健全整体防疫体系，各项防疫措施应完整、配套、实用，畜禽疫病监测和控制方案应遵照《中华人民共和国动物防疫法》及其配套法规执行。

（5）应制定合理的饲养管理、防疫消毒、兽药和饲料使用技术规程；免疫程序的制定应由执业兽医认可，国家强制免疫的动物疫病应按照国家相关制度执行。

（6）病死畜禽尸体的无害化处理和处置应符合 GB 16548 要求；畜禽饲养场粪便、污水、污物及固体废弃物的处理应符合 NY/T 1168 及国家环保的要求，处理后饲养场污物排放标准应符合 GB 18596 要求；环境卫生质量应达到 NY/T 388、NY/T 1169 要求。

（7）绿色食品畜禽饲养场的饲养管理和防疫还应满足以下要求：

①宜建立无规定疫病区或生物安全隔离区。

②畜禽圈舍中空气质量应定期进行监测，并符合 NY/T 388 的要求。

③饲料、饲料添加剂的使用应符合 NY/T 471 的要求。

④应制定畜禽圈舍、运动场所清洗消毒规程，粪便及废弃物的清理、消毒规程和畜禽体外消毒规程，以提高畜禽饲养场卫生条件水平；消毒剂的使用应符合 NY/T 472 的要求。

⑤加强畜禽饲养管理水平，并确保畜禽不应患有附录 A 所列的各种动物疾病。

⑥应制定畜禽疾病定期监测及早期疫情预报预警制度，并定期对其进行监测。

⑦当发生国家规定无须扑杀的动物疫病或其他非传染性疾病时，要开展积极的治疗；必须用药时，应按照 NY/T 472 的规定使用治疗性药物。

⑧应具有 1 名以上执业兽医提供稳定的兽医技术服务。

3. 畜禽繁育或引进的要求

（1）宜“自繁自养”，自养的种畜禽应定期检验检疫。

（2）引进畜禽应来自具有种畜禽生产经营许可证的种畜禽场，按 GB 16549 的要求实施产地检疫，并取得动物检疫合格证明或无特定动物疫病的证明。对新引进的畜禽，应进行隔离饲养观察，确认健康方可进场饲养。

4. 记录

畜禽饲养场应对畜禽饲养、清污、消毒、免疫接种、疫病诊断、治疗等做好详细记录，对饲料、兽药等投入品的购买、使用、存储等做好详细记录，对畜禽疾病的监测情况应做好记录并妥善保管，相关记录至少应在清群后保存3年以上。

六、畜禽屠宰场卫生防疫要求

1. 畜禽屠宰场场址选择、建设条件要求

（1）畜禽屠宰场的场址选择、卫生条件、屠宰设施设备应符合NY/T 2076、NY/T 1340、NY/T 1341的要求。

（2）绿色食品畜禽屠宰场还应满足以下要求：

①应选择水源充足、无污染和生态条件良好的地区，距离垃圾处理场、垃圾填埋场、点污染源等污染场所5 km以上，污染场所或地区应处于场址常年主导风向的下风向；

②畜禽待宰圈/区、可疑病畜观察圈/区应有充足的活动场所及相关的设施设备，以充分保障动物福利。

2. 屠宰过程中的卫生防疫要求

（1）对有绿色食品畜禽饲养基地的屠宰场，应对待宰畜禽进行查验并进行检验检疫。

（2）对实施代宰的畜禽屠宰场，应与绿色食品畜禽饲养场签订委托屠宰或购销合同，并应对绿色食品畜禽饲养场进行定期评估和监控，对来自绿色食品畜禽饲养场的畜禽在出栏前进行随机抽样检验，检验不合格批次的畜禽不能进场接收。

（3）只有出具准宰通知书的畜禽才可进入屠宰线。

（4）畜禽屠宰应参照GB/T 22569要求实施人道屠宰，宜满足动物福利要求。

3. 畜禽屠宰场检验检疫要求

（1）宰前检验

待宰畜禽应来自非疫区，健康状况良好。待宰畜禽入场前

应进行相关资料查验。查验内容包括：相关检疫证明；饲料添加剂类型；兽药类型、施用期和休药期；疫苗种类和接种日期。生猪、肉牛、肉羊等进入屠宰场前，还应进行β-受体激动剂自检；检测合格的方可进场。

（2）宰前检疫

宰前检疫发现可疑病畜禽，应隔离观察，并按照GB 16549的规定进行详细的个体临床检查，必要时进行实验室检查。健康畜禽在留养待宰期间应随时进行临床观察，送宰前再进行一次群体检疫，剔除患病畜禽。

（3）宰前检疫后的处理

①发现疑似口蹄疫、牛瘟、牛传染性胸膜肺炎、牛海绵状脑病、痒病、小反刍兽疫、山羊瘟、兔出血热等疫病时，应按照NY 467的规定执行。畜禽待宰圈/区、可疑病畜观察圈/区、屠宰场所应严格消毒，采取防疫措施，并立即向当地兽医行政管理部门报告疫情，并按国家相关规定进行处置。

②发现疑似狂犬病、炭疽、布氏杆菌病、弓形虫病、结核病、日本血吸虫病、囊尾蚴病、马鼻疽、兔黏液瘤病等疫病时，应实施生物安全处置，按照GB 16548的规定执行。畜禽待宰圈/区、可疑病畜观察圈/区、屠宰场所应严格消毒，采取防疫措施，并立即向当地兽医行政管理部门报告疫情。

③发现除上述所列疫病外，应对患有其他疫病的畜禽实行急宰，将病变部分剔除并销毁，其余部分按照GB 16548的规定进行生物安全处理。

④对判为健康的畜禽，送宰前应由宰前检疫人员出具准宰通知书。

（4）宰后检验检疫

①畜禽屠宰后应立即进行宰后检验检疫，宰后检疫应在适

宜的光照条件下进行。

②头、蹄爪、内脏、胴体应按照 NY 467 的规定实施同步检疫，综合判定。必要时进行实验室检验。

（5）宰后检验检疫后的处理

①通过对内脏、胴体的检疫，做出综合判断和处理意见；检疫合格的畜禽产品，按照 NY 467 的规定进行分割和储存。

②检疫不合格的胴体和肉品，应按照 GB 16548 的规定进行生物安全处理。

③检疫合格的胴体和肉品，应加盖统一的检疫合格印章，签发检疫合格证。

4. 记录

所有畜禽屠宰场的生产、销售和相应的检验检疫、处理记录，应保存 3 年以上。

七、绿色食品　禽肉质量要求

1. 产地环境和原料要求

（1）禽种要求

原料活禽品种应符合农业农村部公告第 303 号的规定，应健康、无病，来自非疫病区。

（2）环境要求

活禽的饲养环境应符合 NY/T 391 的规定；活禽的兽医卫生防疫应符合 NY/T 473 的规定。

（3）原料要求

原料活禽在饲养时，饲料和投入品的使用应符合以下规定：饲料及饲料添加剂应符合 GB 13078 和 NY/T 471 的规定；污染物限量应符合 GB 2762 的规定；农药残留限量应符合 GB 2763 的规定；兽药使用和兽药残留限量应符合 NY/T 472 和 GB

31650 的规定；禁用药物和化合物应符合农业农村部公告第 250 号和农业农村部公告第 2292 号的规定。

2. 屠宰加工要求

(1) 屠宰加工应符合 GB 12694、GB/T 19478、GB 16869 和 NY/T 473 的规定。

(2) 活禽经检疫、检验合格后，方可进行屠宰。屠宰加工用水应符合 NY/T 391 的规定。

(3) 对屠宰后的禽进行预冷却，应在 1 h 内，肉中心的温度降到 4 ℃以下。

(4) 对禽体进行修整，应去除禽体上的创伤、血点、血污、羽毛根、胆污、粪污、嗉囊及食管膨大部的污染。

(5) 预冷后对禽体进行分割时，环境温度应控制在 12 ℃以下。从活禽放血到包装、入冷库时间不应超过 2 h。

(6) 需冷冻的产品，应在−28 ℃以下环境中，其中心温度应在 12h 内达到−15 ℃及以下，冻结后方可转入冷藏库贮存。

3. 感官

应符合表 6 - 22 的规定。

表 6 - 22　感官要求

项　目	指标		检验方法
	鲜禽肉（冷却禽肉）	冻禽肉（解冻后）	
组织状态	肌肉富有弹性，经指压后凹陷部位立即恢复原状	肌肉指压后凹陷部位恢复较慢，不易完全恢复原状	GB 16869
色　泽	表皮和肌肉切面有光泽，具有禽类品种应有的色泽		
气　味	具有禽类品种应有的气味，无异味		

续表

<table>
<tr><th colspan="2" rowspan="2">项　　目</th><th colspan="2">指标</th><th rowspan="2">检验方法</th></tr>
<tr><th>鲜禽肉（冷却禽肉）</th><th>冻禽肉（解冻后）</th></tr>
<tr><td colspan="2">煮沸后的肉汤</td><td colspan="2">透明澄清，脂肪团聚于表面，具有禽类品种应有的滋味</td><td rowspan="5">GB 16869</td></tr>
<tr><td rowspan="2">淤血</td><td>淤血面积大于 1 cm^2</td><td colspan="2">不允许存在</td></tr>
<tr><td>淤血面积小于 1 cm^2</td><td colspan="2">淤血片数不得超过抽样量的 2%</td></tr>
<tr><td colspan="2">异物</td><td colspan="2">不得检出</td></tr>
<tr><td colspan="4">注：淤血面积以单一整禽或单一分割禽体的 1 片淤血面积计。</td></tr>
</table>

4. 理化指标

应符合表 6 - 23 规定。

表 6 - 23　理化指标

项　　目	指　　标	检测方法
水分	≤77 g/100 g	GB 5009.3
冻禽肉解冻失水率	≤6%	GB 16869
挥发性盐基氮	≤15 mg/100 g	GB 5009.228

（1）农药残留及兽药残留限量

应符合食品安全国家标准及相关规定，同时应符合表 6 - 24 的规定。

表 6 - 24　农药残留及兽药残留限量　　单位：μg/kg

项　　目	指　　标	检测方法
敌敌畏（Dichlorvos）	不得检出（<10）	GB 23200.94

续表

项　　目	指　　标	检测方法
土霉素/四环素/金霉素（以单个或组合计）（Oxytetracycline/Tetracycline/Chlortetracycline）	≤100	GB/T 21317
阿奇霉素（Azithromycin）	不得检出（<1.0）	农医发〔2016〕3号附录4
恩诺沙星（Enrofloxacin）［以恩诺沙星和环丙沙星之和计（Sum of Enrofloxacin and Ciprofloxacin）］	不得检出（<0.5）	GB/T 20366
氧氟沙星（Ofloxacin）	不得检出（<0.1）	GB/T 20366
磺胺类药物（Sulfonamides）（以总量计）	不得检出（<50）	GB/T 21316
甲氧苄啶（TMP）	不得检出（<50）	GB/T 21316
硝基呋喃类代谢物（Nitrofurans metabolites）［以3-氨基-2-噁唑烷基酮（AOZ）、5-吗啉甲基-3-氨基-2-噁唑烷基酮（AMOZ）、1-氨基-乙内酰脲（AHD）和氨基脲（SEM）计］	不得检出（<0.5）	GB/T 21311
喹乙醇代谢物（Olaquindox metabolite）［以3-甲基喹噁啉-2-羧酸（MQCA）计］	不得检出（<0.5）	GB/T 20746
五氯酚酸钠（Pentachlorophenol sodium）	不得检出（<1.0）	GB 23200.92
金刚烷胺（Amantadine）	不得检出（<1.0）	GB 31660.5

注：检验方法明确检出限的，“不得检出”后括号中内容为检出限；检验方法只明确定量限的，“不得检出”后括号中内容为定量限。

（2）微生物限量

应符合表 6－25 的规定。

表 6－25 微生物限量

项目	指标	检测方法
菌落总数	≤ 5×10^5 CFU/g	GB 4789.2
大肠菌群	＜100 MPN/g	GB 4789.3
沙门氏菌	0/25 g	GB 4789.4
致泻大肠埃希菌	0/25 g	GB 4789.6

（3）净含量

应符合国家质量监督检验检疫总局令 2005 年第 75 号的规定，检验方法按 JJF 1070 规定执行。

（4）其他要求

除上述要求外，还应符合表 6－26 的规定。

表 6－26 污染物和兽药残留项目

项目	指标	检测方法
总汞（以 Hg 计）	≤ 0.05 mg/kg	GB 5009.17
总砷（以 As 计）	≤ 0.5 mg/kg	GB 5009.11
铅（以 Pb 计）	≤ 0.2 mg/kg	GB 5009.12
镉（以 Cd 计）	≤ 0.1 mg/kg	GB 5009.15
铬（以 Cr 计）	≤ 1.0 mg/kg	GB 5009.123
多西环素（Doxycycline）	≤ 100 μg/kg	GB/T 21317
氯霉素（Chloramphenicol）	不得检出（＜0.1 μg/kg）	GB/T 20756
甲砜霉素（Thiamphenicol）	≤ 50 μg/kg	GB/T 20756

续表

项目	指标	检测方法
氟苯尼考（Florfenicol）［以氟苯尼考和氟苯尼考胺之和计（Sum of Florfenicol and Florfenicol-amine）］	≤100	SN/T 1865
尼卡巴嗪（Nicarbazin）［以 4，4-二硝基均二苯脲计）（N，N'-bis-（4-nitrophenyl）urea］	≤200 μg/kg	GB 29690

5. 检验规则

申请绿色食品认证的产品应按照上述表格中确定的项目进行检验。其他要求应符合 NY/T 1055 的规定。

6. 标签

应符合 GB 7718 的规定。

7. 包装、运输和贮存

（1）包装

按 GB/T 191 和 NY/T 658 规定执行。

（2）运输和贮存

①运输应符合 NY/T 1056 和 GB/T 28640 的规定。应使用卫生并具有防雨、防晒、防尘设施的专用冷藏车船运输。运输过程中严格控制运输温度，鲜禽肉和冷却禽肉运输温度为 0 ℃～4 ℃，冷冻禽肉运输温度应低于－18 ℃，温度变化为±1 ℃。

②冻禽肉贮存于－18 ℃以下的冷冻库内，库温昼夜变化幅度不超过 1 ℃；鲜禽肉和冷却禽肉应贮存在 0 ℃～4 ℃、相对湿度 85%～90%的冷却间内。

八、绿色食品 鱼的质量要求

产品质量应符合《绿色食品　鱼》（NY/T 842）的规定。

1. 感官要求

（1）活鱼

鱼体健康，体态匀称，游动活泼，无鱼病症状；鱼体具有本种鱼固有的色泽和光泽，无异味；体表完整。

（2）鲜鱼

应符合表6－27的规定。

表6－27　感官要求

项目	指标		检测方法
	海水鱼类	淡水鱼类	
鱼体	体态匀称无畸形，鱼体完整，无破肚，肛门紧缩	体态匀称无畸形，鱼体完整，无破肚，肛门紧缩或稍有凸出	抽样按GB/T 30891规定执行。在光线充足、无异味的环境条件下，将样品置于白色瓷盘或不锈钢工作台上，按要求逐项检验。
鳃	鳃丝清晰，呈鲜红色，黏液透明	鳃弓开张有力，鳃丝清晰，呈鲜红，黏液正常	
眼球	眼球饱满，角膜清晰	眼球饱满，角膜透明	
体表	呈鲜鱼固有色泽，花纹清晰；有鳞鱼鳞片紧密，不易脱落，体表黏液透明，无异臭味	呈鲜鱼固有色泽，鳞片紧密，不易脱落，体表黏液透明，无异味	
组织	肉质有弹性，切面有光泽、肌纤维清晰	肌肉组织致密，有弹性	

续表

项目	指　　标		检测方法
	海水鱼类	淡水鱼类	
气味[a]	体表和鳃丝无异味	体表和鳃丝无异味，可食用组织无土腥味	
水煮实验	具有鲜海水鱼固有的香味，口感肌肉组织紧密、有弹性，滋味鲜美，无异味	具有鲜淡水鱼固有的香味，口感肌肉组织有弹性，滋味鲜美，无异味	在容器中加入适量饮用水，将水煮沸后，取适量鱼用清水洗净，放入容器中，加盖，煮熟后打开盖，嗅蒸汽气味，再品尝肉质。

注：[a]气味评定时，撕开或用刀切开鱼体的 3～5 处，嗅气味后判定。

2. 理化要求

冻鲜鱼及初加工品理化要求按表 6－28 的规定执行。

表 6－28　理化指标

项目	指　　标		检测方法
	海水鱼类	淡水鱼类	
挥发性盐基氮	一般鱼类 ≤15 mg/100 g，板鳃鱼类 ≤40 mg/100 g	≤10 mg/100 g	GB 5009.228
组胺	≤30 mg/100 g	—	GB 5009.208

3. 污染物限量和兽药残留限量

应符合食品安全国家标准及相关规定，同时符合表 6－29 的规定。

表 6-29 污染物限量、兽药残留限量

项目	指标		检测方法
	海水鱼类	淡水鱼类	
氟	—	≤2.0 mg/kg	GB/T 5009.18
铅	≤0.2 mg/kg		GB 5009.12
敌百虫	—	不得检出（<0.002 mg/kg）	SN/T 0125
溴氰菊酯	—	不得检出（<0.2 μg/kg）	GB 29705
氯氰菊酯	不得检出（<0.2 μg/kg）		GB 29705
土霉素、金霉素、四环素（以总量计）	不得检出（<0.05 mg/kg）		GB/T 21317
磺胺类药物（以总量计）	不得检出（<1.0 μg/kg）		农业农村部 1077 号公告—1—2008
喹乙醇代谢物	不得检出（<4 μg/kg）		农业农村部 1077 号公告—5—2008
硝基呋喃代谢物	不得检出（<0.25 μg/kg）		农业农村部 783 号公告—1—2006
喹诺酮类药物	不得检出（<1.0 μg/kg）		农业农村部 1077 号公告—1—2008
新霉素	不得检出（<0.1 mg/kg）		GB/T 21323
红霉素	不得检出（<1.0 μg/kg）		GB 31660.1
甲砜霉素	不得检出（<1.0 μg/kg）		GB/T 20756
青霉素 G	不得检出（<3 μg/kg）		GB 29682

注：检验方法明确检出限的，“不得检出”后括号中内容为检出限；检验方法只明确定量限的，“不得检出”后括号中内容为定量限。

4. 生物学要求

应符合表 6－30 的规定。

表 6－30　生物学限量　　单位：个/cm^2

项目	指标	检测方法
寄生虫	不得检出	在灯检台上进行，要求灯检台表面平滑、密封、照明度应适宜。 每批至少抽 10 尾鱼进行检查。将鱼洗净，去头、皮、内脏后，切成鱼片，将鱼片平摊在灯检台上，查看肉中有无寄生虫及卵；同时将鱼腹部剖开于灯检台上检查有无寄生虫。

5. 其他要求

除以上要求外，依据食品安全国家标准和绿色食品生产实际情况，绿色食品鱼申报检验还应检验的项目应符合表 6－31 的规定。

表 6－31　污染物、兽药残留项目

项目	指标		检测方法
	海水鱼	淡水鱼	
无机砷	≤0.1 mg/kg		GB 5009.11
甲基汞			GB 5009.17
食肉鱼类（鲨鱼、旗鱼、金枪鱼、梭子鱼等）	≤1.0 mg/kg		
非食肉鱼	≤0.5 mg/kg		
镉	≤0.1 mg/kg		GB 5009.15
多氯联苯[a]	≤0.5 mg/kg		GB 5009.190
多西环素	≤0.1 mg/kg		GB/T 21317

续表

项目	指　标		检测方法
	海水鱼	淡水鱼	
氟苯尼考	≤1 mg/kg		GB/T 20756
阿苯达唑	≤0.1 mg/kg		GB 29687
氯霉素	不得检出（<0.1 μg/kg）		GB/T 20756
己烯雌酚	不得检出（<0.6 μg/kg）		农业农村部 1163 号公告—9—2009
孔雀石绿	不得检出（<0.5 μg/kg）		GB/T 19857

注：1. 检验方法明确检出限的，“不得检出”后括号中内容为检出限；检验方法只明确定量限的，“不得检出”后括号中内容为定量限。

2. [a]以 PCB28、PCB52、PCB101、PCB118、PCB138、PCB153 和 PCB180 总和计。

6. 检验规则

申请绿色食品认证的鱼产品，应按照表 6 - 27、表 6 - 28、表 6 - 29、表 6 - 30、表 6 - 31 确定的项目进行检验。其他要求按 NY/T 1055 的规定执行。抽样按 GB/T 30891—2014 规定执行。在光线充足、无异味的环境条件下，按要求逐项检验。

7. 标签

标签按 GB 7718 的规定执行。

8. 包装、运输和贮存

（1）包装

包装应符合 NY/T 658 的要求。活鱼可用环保材料桶、箱、袋充氧等或采用保活设施；鲜海水鱼应装于无毒、无味、便于冲洗的鱼箱或保温鱼箱中，确保鱼的鲜度及鱼体的完好。在鱼箱中需放足量的碎冰，让水体温度维持在 0 ℃～4 ℃。

（2）运输和贮存

按 NY/T 1056 的规定执行。暂养和运输水应符合 NY/T 391 的要求。

九、绿色食品　畜肉质量要求

本要求适用于绿色食品畜肉（包括牛肉、羊肉、马肉、驴肉、兔肉等）的鲜肉、冷却肉及冷冻肉；不适用于畜内脏、混合畜肉及辐照畜肉。

1. 产地及原料

产地环境、活畜养殖管理，应符合 NY/T 391、NY/T 471、NY/T 472、NY/T 473、NY/T 1892 的规定。

2. 屠宰加工

（1）屠宰加工用水

屠宰加工用水应符合 GB 5749 的规定。

（2）屠宰及加工卫生

活畜应按 NY/T 473 和 NY/T 1892 的要求，经检疫、检验合格后，方可进行屠宰。屠宰加工卫生应符合 GB 12694 的规定。

（3）预冷却

活畜屠宰后 24 h 内，肉的中心温度应降到 4 ℃以下。

（4）分割

预冷却后的畜胴体分割时，环境温度应控制在 12 ℃以下。

（5）冻结

需冷冻的产品，应保存在－28 ℃以下环境中，其中心温度应在 24～36 h 内降到－15 ℃以下。

3. 感官

应符合表 6－32 的规定。

表 6-32　感官要求

项　目	鲜畜肉 （冷却畜肉）	冻畜肉 （解冻后）	检验方法
组织状态	肌肉有弹性，经指压后凹陷部位立即恢复原位	肌肉经指压后凹陷部位恢复慢，不能完全恢复原状	将样品置于洁净白色托盘中，在自然光下，目视检查组织状态、色泽、肉眼可见异物，用鼻嗅其气味。
色泽	表皮和肌肉切面有光泽，具有该畜类品种固有的色泽		
气味	具有畜类品种固有的气味，无异味		
肉眼可见异物	无正常视力可见外来异物		

4. 理化指标

应符合表 6-33 的规定。

表 6-33　理化指标

项　目		指标	检验方法
水分	羊肉	≤78%	GB 18394
	其他畜肉	≤77%	
挥发性盐基氮		≤15 mg/100 g	GB 5009.228

5. 兽药残留限量

应符合相关食品安全国家标准及相关规定，同时应符合表 6-34 的规定。

表 6－34　兽药残留限量　　　　单位：μg/kg

项　目	指标	检验方法
氟苯尼考（以氟苯尼考与氟苯尼考胺之和计）	≤100	SN/T 1865
甲砜霉素	≤50	GB/T 20756
氯霉素	不得检出（<0.1）	GB/T 20756
四环素/土霉素/金霉素（单个或复合物）	≤100	GB/T 21317
多西环素	≤100	GB/T 21317
磺胺类（以总量计）	不得检出（<0.5）	农业农村部 1025 号公告－23－2008
恩诺沙星（以恩诺沙星与环丙沙星之和计）	≤100	GB/T 21312
氧氟沙星	不得检出（<1.0）	GB/T 21312
诺氟沙星	不得检出（<2.0）	GB/T 21312
培氟沙星	不得检出（<2.0）	GB/T 21312
洛美沙星	不得检出（<1.0）	GB/T 21312
呋喃唑酮代谢物（AOZ）	不得检出（<0.25）	农业农村部 781 号公告－4－2006
呋喃它酮代谢物（AMOZ）	不得检出（<0.25）	农业农村部 781 号公告－4－2006
呋喃妥因代谢物（AHD）	不得检出（<0.25）	农业农村部 781 号公告－4－2006
呋喃西林代谢物（SEM）	不得检出（<0.25）	农业农村部 781 号公告－4－2006

续表

项　目	指标	检验方法
氯丙嗪	不得检出（<0.5）	GB/T 20763
林可霉素	≤100	GB/T 20762
替米考星	≤50	GB/T 20762
泰乐菌素	≤100	GB/T 20762
喹乙醇代谢物（以3甲基喹恶啉-2-羧酸计）	不得检出（<0.5）	GB/T 20746
伊维菌素	≤10	GB/T 21320
盐酸克伦特罗[a]	不得检出（<0.25）	农业农村部1025号公告—18—2008
莱克多巴胺[a]	不得检出（<0.25）	农业农村部1025号公告—18—2008
沙丁胺醇[a]	不得检出（<0.25）	农业农村部1025号公告—18—2008
西马特罗[a]	不得检出（<0.25）	农业农村部1025号公告—18—2008
氯丙那林[a]	不得检出（<0.25）	农业农村部1025号公告—18—2008
妥布特罗[a]	不得检出（<0.25）	农业农村部1025号公告—18—2008

注：1. [a]表明兔肉不检测此项。

2. 检验方法明确检出限的，“不得检出”后括号中内容为检出限；检验方法只明确定量限的，“不得检出”后括号中内容为定量限。

6. 微生物限量

应符合表 6 - 35 的规定。

表 6 - 35　微生物指标

项　目	指标	检验方法
菌落总数	≤1×10^5 CFU/g	GB 4789.2
大肠菌群	<100 MPN/g	GB 4789.3
沙门菌	0/25 g	GB 4789.4
致泻大肠埃希菌	0/25 g	GB 4789.6

7. 净含量

应符合国家质量监督检验检疫总局令 2005 年第 75 号的规定，检验方法按 JJF 1070 的规定执行。

8. 其他要求

依据食品安全国家标准和绿色食品生产实际情况，绿色食品畜肉产品申报检验还应检验的以下项目，见表 6 - 36、表 6 -37。

表 6 - 36　污染物项目　　单位：mg/kg

项目	指标	检验方法
总砷（以 As 计）	≤0.5	GB 5009.11
铅（以 Pb 计）	≤0.2	GB 5009.12
镉（以 Cd 计）	≤0.1	GB 5009.15
总汞（以 Hg 计）	≤0.05	GB 5009.17
铬（以 Cr 计）	≤1.0	GB 5009.123

表 6－37　微生物项目

项　目	指标	检验方法
志贺氏菌	0/25 g	GB 4789.5
金黄色葡萄球菌	0/25 g	GB 4789.10
溶血性链球菌	0/25 g	GB 4789.11

注：牛肉、兔肉不检此三项

8. 检验规则

绿色食品申报检验应按照表 6－32、表 6－33、表 6－34、表 6－35、表 6－36、表 6－37 所确定的项目进行检验。其他要求应符合 NY/T 1055 的规定。

9. 标签

应符合 GB 7718 的规定。

10. 包装、运输和储存

（1）包装

应符合 NY/T 658 的规定。包装储运图示标志按照 GB/T 191 的规定执行。

（2）运输和储存

运输应符合 NY/T 1056 的规定。应使用卫生并具有防雨、防晒、防尘设施的专用冷藏车船运输，运输过程中应控制运输温度，鲜肉和冷却肉为 0 ℃～4 ℃，冷冻肉应低于－18 ℃，温度允许变化幅度为±1 ℃。

鲜肉和冷却肉应储存在－2 ℃～4 ℃，相对湿度 85%～90%的冷却间。

冻肉储存于－18 ℃以下的冷冻库内，库温昼夜变化幅度不超过 1 ℃。

第七章　主要牧草栽培管理技术

第一节　大 力 士

——杂交饲用甜高粱

“大力士”（杂交饲用甜高粱）由农业农村部全国草品种审定委员会审定通过并经农业农村部批准，准予推广应用产品（品种登记号：292）。

一、品种特性

“大力士”甜高粱为热带一年生植物，具有非常强的再生能力与分蘖能力等特征。其抗逆性及耐性（耐瘠薄、耐涝等）等特性明显高于青贮玉米，具有非常广泛的适应性。

二、栽培管理技术

1. 土壤及耕作

施用农家肥做基肥，每亩施肥量为1000～1500 kg，整地前施入地中。原则上牧草地要求精耕细作，打碎耕土为佳。

2. 播种时间

春播。一般每年的4月中上旬至5月中上旬播种即可。作为喜温植物，“大力士”对低温和霜害较为敏感。一般在地温稳定在 12 ℃～15 ℃时播种为佳。

播种“大力士”要比播玉米晚 1～2 周。

图 7-1 “大力士”甜高粱

3. 播种方式及播种量

采用点播或穴播。每亩播种量在 1.5～2.0 kg 即可。播种前施入农家肥 1500～2000 kg/亩（1 亩≈667 m^2）或复合肥 15～20 kg/亩作底肥。株行距 30 cm×40 cm，每穴下籽 2～3 粒，播深 3～5 cm。出苗后需及时间苗补苗，每亩保苗在 1.2 万～1.7 万株为最佳。

4. 田间管理

出苗后应及时清除杂草，以确保幼苗生长。幼苗生长至 4～5 片叶时，可以结合清除杂草进行施肥，以促进幼苗生长。每亩施尿素 3 kg 左右。每次刈割后需要及时进行浇水补肥，每次每亩施尿素 3～5 kg。天气干旱时也应及时浇灌水，以使“大力士”稳产高产。

5. 利用方式

刈割后可直接饲喂，利用铡草揉丝机切短后饲喂效果更佳。

若制作青贮，则需刈割后晾晒一定时间，使其水分控制在65%～70%，青贮效果最佳。

6. 产量

根据“大力士”刈割高度不同，每年可刈割3～5次。根据管理水平不同，每年可亩产鲜草8～15 t。

为防止氢氰酸中毒，生长高度必须在80 cm以上时刈割。

第二节　润　高
——攀缘饲用拉巴豆

一、品种特性

拉巴豆为一年和越年生豆科草本植物。在澳大利亚主要作为夏季饲料作物，或放牧利用，或与高粱、玉米等高禾品种混播制作成青贮饲料。具有非常晚熟的特性，在秋季仍长势旺盛；其主根发达，侧根多；茎缠绕，长3～6 m；叶量大；荚果含3～6粒种子，为白、黑、褐等色，呈眉形；生育期长可达300天；要求气候条件温暖，能耐短期高温和短期霜冻；是需水较多的牧草；叶片粗蛋白含量为25%～27%，整株含粗蛋白17%～21%，粗纤维约占37.67%。

二、栽培管理技术

1. 土壤及耕作

播种耕翻，整耙细，适时播种，种子最好拌上根瘤菌，促进拉巴豆根瘤菌形成和快速固氮，促进幼苗生长。穴播，行穴距可为50 cm×40 cm，每穴播种2～4粒，每亩用种量2～4 kg。如收种子，用种量为1～2 kg。

图 7-2 “润高”拉巴豆

2. 播种时间

一般以春播为主。每年 4 月中上旬至 5 月中上旬开始播种。一般在地温稳定在 12 ℃～15 ℃时播种为佳，播种拉巴豆要比播种玉米晚 1～2 周。

3. 播种方式及播种量

拉巴豆大部分采用间作套种为宜。播种量在 2～2.5 kg/亩。套种时多采用 2 行玉米（高粱）套种 1 行拉巴豆。株行距为 15 cm×15 cm。

4. 田间管理

出苗后应及时清除杂草，以确保幼苗生长。幼苗生长至 4～5 片叶时，可以结合清除杂草进行施肥，以促进幼苗生长。套种地块，每次刈割后需要及时进行浇水补肥，每次每亩施尿素 3～5 kg。天气干旱时也应及时浇灌，以使拉巴豆稳产高产。

5. 利用方式

刈割后可直接饲喂。利用铡草揉丝机切短后饲喂效果更佳。若制作青贮，则需刈割后晾晒一定时间，使其水分控制在65%～70%，青贮效果最佳。

第三节　歌　德
——大叶高产牧用型白三叶草

一、品种特性

白三叶草是多年生草本，为栽培植物，有时逸生为杂草，侵入旱作物田，对局部地区的蔬菜、幼林有危害，但危害不严重。其生长期达 6 年，高 10～30 cm。主根短，侧根和须根发达，茎匍匐蔓生，上部稍上升，节上生根，全株无毛。掌状三出复叶；托叶卵状披针形，膜质，基部抱茎成鞘状，离生部分锐尖。其适应性广，抗热、抗寒性强，可在酸性土壤中旺盛生长，也可在砂质土中生长，有一定的观赏价值，是世界各国主要栽培牧草之一，在中国主要被用于草地建设，具有良好的生态和经济价值。

二、栽培管理技术

1. 土壤及耕作

白三叶草对土壤要求不高，尤其喜欢黏性、耐酸性土壤，也可在砂质土中生长，适宜生长的土壤 pH 值为 5.5～7，但在 pH 为 4.5 时也能生长，喜弱酸性土壤，不耐盐碱；pH 值为 6～6.5 时，对根瘤形成有利。播种耕翻，整耙细，适时播种，种子最好拌上根瘤菌，能促进白三叶草根瘤菌形成和快速固氮，

图 7-3 “歌德”白三叶草

促进幼苗生长。

白三叶草种子细小，苗期生长缓慢，对杂草竞争力弱。因此，播前要精细整地，除净杂草。在土壤黏重、降水量多的地方种植，应开沟作畦以利排水。整地同时施足基肥，一般每亩施钙、镁、磷肥 20～25 kg，对有机质十分缺乏的土壤同时还要施厩肥，对酸性过强的土壤每亩补加 50 kg 石灰作基肥。山地若肥源困难，可就地制作焦泥灰和草木灰作种肥，并以野草和树叶制成沤肥作基肥。

2. 播种时间

春、秋均可播种。中国南方春播在 3 月中旬前，秋播宜在 10 月中旬前。

3. 播种方式及播种量

单播时以条播为宜，行距应控制在 25～30 cm，播种量为 0.3～0.5 kg/亩，播深 1.0～1.5 cm。补播草地上可用家畜践踏或轻耙的方式覆土。白三叶草与禾本科牧草如黑麦草、鸭茅、猫尾草等混播，适于建立人工草地。

4. 田间管理

白三叶草出齐后全地覆盖，难以应用机械除草，除草多用人工拔除的方法。在生长当年进行 2～3 次人工除草，可去除杂草，保证其生长。一般当年覆盖、除完草后，以后每年杂草只零星生长，基本上可免除杂草危害。

白三叶草抗旱性较强，耐涝性稍差。在水分充足时白三叶草生长势较旺，干旱时需适当补水，雨水过多时要及时排涝降渍，以利于其生长。成坪后除了在极端干旱的情况下浇水，一般不浇水，以免发生腐霉枯萎病。白三叶草的浇水宜本着少次多量的原则。

5. 利用方式

白三叶草适口性优良，消化率高，为各种畜禽喜食，适宜养殖牛、羊、食草鱼等。可刈割后切碎喂饲，也可调制成干草，压缩成饲料或草粉。“歌德”白三叶草蛋白质含量高，可用榨汁机提取其汁液，制成浓缩的蛋白质饲料。

6. 产量

当“歌德”高度长到 20 cm 左右时可以进行刈割，一年可割 3～4 次，刈割时留茬不低于 5 cm，以利再生。根据管理水平不同，每年可亩产鲜草 4～5 t。

第四节　游　客
——南方型紫花苜蓿

一、品种特性

“游客”是百绿集团在澳大利亚培育的南方冬季高产牧用型

紫花苜蓿品种，秋眠级为8级，该品种分枝密集、茎细、多叶，抗病虫害，适合在降雨量高和排水良好的苜蓿生产区种植，对酸性和碱性土壤适应性强，非常适合在我国南方地区种植，适用于生产高质量的干草和人工草地建植。“游客”的根茎较低，对放牧和刈割利用均有非常好的适用性，为农业农村部全国草品种审定委员会审定通过并经农业农村部批准，准予推广应用产品（品种登记号：323）。

图7-4　“游客”紫花苜蓿

二、栽培管理技术

1. 土壤与耕作

选地以土层深厚疏松、排灌方便，pH值为6.5～7.5的中性或微碱性土壤最为适宜。在土壤含盐量为0.2%的盐碱地上也能生长良好。精细整地，彻底清除杂草。春播时，需在上一年牧草或作物收获后浅耕灭茬，除草、保墒，然后深翻，耕深要达 20 cm，再耙、压，使其平整。结合整地要施底肥，底肥可施一定数量的农家肥和各种氮磷钾肥。

2. 播种时间

一般采用春播或秋播的方式进行播种。

3. 播种方式及播种量

种子要经过清选、晒干，使种子的净度达到 90%。播前可将农药、除草剂、根瘤菌和肥料按比例配制拌种，避免苗期发生病虫害。用根瘤菌等细菌肥料拌种，1 kg 根瘤菌可拌 10 kg 种子，能使其产量提高 20%以上。紫花苜蓿可以选择春播也可以秋播。春季土壤墒情好，在风沙危害小的地方可春播；在春季土壤干旱、风沙较大、终霜期较迟的地方，则以秋播为宜。春播最好在 6 月底雨季到来之前播完，有利于一次播种保全苗。紫花苜蓿播种一般采用条播或垄播，条播行距为 30～60 cm。垄播则采用密垄稀植，行距为 15～20 cm，既能增加覆盖、提高产量，又便于田间管理。每亩用种量为 1.0～1.5 kg，依据种子质量和地块不同可适当增减播种量。紫花苜蓿种子甚小，覆土深度以在 2 cm 左右为宜。若土壤疏松，播前先镇压一遍，便于掌握深度；播种后再镇压一遍，有利于保墒。

4. 田间管理

播种后要及时查苗补种，确保种植密度。有条件的地方在干旱时可灌溉。灌水最好用喷灌，沟灌也可。紫花苜蓿的根系不耐淹，水淹 24 小时会使其死亡，因此雨季低洼地应注意及时排除田间积水。播前应施有机肥作底肥，适当施用一些磷、钾肥。

紫花苜蓿苗期生长极其缓慢，易受杂草侵袭，幼苗期、返青后、刈割前后都要除草。化学除草剂分为播种前施用的土壤处理除草剂、苗前施用除草剂、苗后施用除草剂。但要注意，药效应在刈割前2～3周失效，以免造成家畜中毒。

5. 利用方式

每年可刈割紫花苜蓿2～3次。第1次刈割在初花期最适宜，此时紫花苜蓿蛋白质含量最高；最晚不能晚过盛花期，否则紫花苜蓿落叶严重，茎秆纤维化，使其品质下降。留茬高度一般为5 cm左右。最后一次刈割应在早霜来临前30天左右，而且留茬高度应为7～8 cm，以利于其越冬。刈割后的紫花苜蓿要阴干，并需及时打捆贮藏，否则过干会造成落叶，影响草的质量。

6. 产量

“游客”紫花苜蓿的持续性很好，饲草管理得好，可连续利用5年。“游客”紫花苜蓿年亩产干草1500～2000 kg。

第五节　将　军

——菊苣品种

一、品种特性

“将军”是百绿集团中国公司从澳大利亚引进的优质菊苣新品种，“将军”菊苣品种叶量大、粗蛋白质含量高、耐多次刈割、病虫害极少、适应性强，是一个很好的多年生优质高产饲草品种。该品种的引进为我国南方长江中下游高温高湿平原及中低山地区增加了一个草产量高且可以全年供应的高蛋白优良牧草品种。该品种适口性很好、消化率高，各类家畜均喜食，尤其是奶牛、猪、兔、鹅，为农业农村部全国草品种审定委员会审定通过并经农业农村部批准，准予推广应用产品（品种登记号：351）。

“将军”菊苣为菊科多年生冷季型牧草，莲座叶丛型，主茎直立，抽茎开花期达180～250 cm。基生叶片长45 cm左右，叶片宽大无毛，正常收割利用在株高50～80 cm时进行，叶色翠绿，主根深而粗壮。“将军”菊苣适应性强，能在多种气候条件和生态环境中生长，耐霜冻、耐瘠薄、抗旱也耐热、耐阴，抗性突出，几乎没有病虫害。大部分省市将其作为夏秋季饲喂奶牛等各种畜禽的青绿饲草，是长江中下游南方省区全年供青的饲草。

图7-5 “将军”菊苣

二、栽培管理技术

1. 土壤及耕作

播前整地，深耕20～30 cm，耙平细作；挖好排水沟；每亩施有机肥2000 kg，复合肥10～20 kg。

2. 播种时间

“将军”菊苣春夏季播种在3—6月，秋播在9月至11月上旬。

3. 播种方式及播种量

“将军”菊苣的用种量为250～300 g/亩。播种方法有撒播、条播、育苗移栽，多采用条播。条播行距30～40 cm，播深0.5～1.0 cm，覆土1 cm，条播（或育苗移栽）在菊苣长出5～7片叶子时应进行匀苗移栽。

4. 田间管理

“将军”菊苣在苗期应注意除杂草，保持良好的墒情，在排水良好、水肥充足的土壤中产量较高，对氮肥反应敏感，除播前要施足基肥外，刈割后应及时追施尿素5～10 kg/亩，根据墒情进行灌水。

5. 利用方式

“将军”菊苣种植45～50天生长到45～60 cm时即可刈割一次，留茬高度为5 cm左右，有霜冻的地区刈割后不宜追肥，而且次年春季应及时追肥。为抑制抽薹，刈割高度不宜过高。“将军”菊苣可以放牧，也可以收割鲜草饲喂，或者是干草、颗粒饲料。放牧利用时，最佳的轮牧周期为25～30天，和无芒雀麦、紫花苜蓿等混合青贮，以备冬、春饲喂奶牛，适口性好，产奶量明显增加。

6. 产量

“将军”菊苣的营养期较长，耐刈割性好，在北方一般1年可刈割3～4次，在南方1年可刈割5～8次。大田生产试验中，亩产鲜草产量高达10 t以上，干草为1～1.2 t。生长速度快，再生能力强，夏季可每月刈割1次，抗虫害能力强，如果放牧或管理方法合理，“将军”菊苣可保持5～7年的高产期。

表 7-1 “将军”莲座期与抽薹期营养成分对照表　单位：%

	莲座期营养成分（干物质基础）	抽薹期营养成分（干物质基础）
粗蛋白	26.88	15.38
粗脂肪	5.38	2.20
粗纤维	12.90	17.58
粗灰分	13.98	19.78
无氮浸出物	40.86	45.05

第六节　楷　模
——优质鸭茅品种

一、品种特性

鸭茅是禾本科多年生草本植物。秆直立或基部膝曲，高可达 120 cm。叶鞘无毛，叶舌薄膜质，顶端撕裂；叶片扁平，边缘或背部中脉均粗糙，圆锥花序，小穗多聚集于分枝上部，含 5 花，颖片披针形，先端渐尖，边缘膜质，第一外稃近等长于小穗；内稃狭窄，5—8 月开花结果。“楷模”是百绿集团培育的晚熟、高产牧用型鸭茅品种，相对于其他品种，“楷模”消化率和粗蛋白含量高（18%以上），草质柔软，拥有更长的营养生长期。

二、栽培管理技术

1. 土壤与耕作

“楷模”种子细小，播种前应精细整地，必须土细、肥匀、

图 7－6 “楷模”鸭茅

墒情良好，这样才能保证抓全苗。

2. 播种时间

长江以南地区春播、秋播均可，但以秋播为好。春播以 3 月下旬为宜，不迟于 3 月下旬；秋播不迟于 10 月下旬。如在华北平原附近的北方地区种植，以早播为宜，若播种太迟越冬有困难。

3. 播种方式及播种量

单播以条播为好，混播时撒播、条播均可。播种宜浅，稍加覆土即可，也可用堆肥覆盖。播种量主要根据播种方法、土壤墒情、利用目的与种子纯净度、发芽率等因素确定，应在播种前 15～30 天对种子进行清选，做好种子的纯净度和发芽率检验，使其达到播种品质标准要求。一般单种撒播用种量为 15～30 kg/hm^2，条播用种量为 11.25～15 kg/hm^2，陡坡穴播用种量为 0.30～0.42 kg/hm^2（5～7 粒/穴）；与多年生黑麦草、白三叶草、红三叶草等牧草混播用种量为 3～9 kg/hm^2。

4. 田间管理

禁畜、补播、除杂：鸭茅苗期植株矮小、生长缓慢，应在播种后到开镰（牧）前禁止牲畜进入草地啃食或踩踏。及时对缺苗率>10%的地段进行补播。春、夏播种当年，虽有一些如野古草、马唐、画眉草、狗尾草等可食性杂草伴生，但也可不清除，翌年随着鸭茅分蘖的增多、基叶密度的增加以及掉落种子的出苗生长，这些杂草将会逐渐减少和消失；对一些竞争力极强的带刺植物或恶性杂草，如栽秧藨、狼萁草、火绒草等，因与鸭茅争水、争肥、争光、争地，不利于鸭茅基叶的生长与生殖枝的形成，严重影响刈割或放牧，应当予以清除。可采用人工拔除、刀割、中耕等方法清除这些杂草。

灌溉、追肥：为了促进鸭茅的苗期生长和分蘖，缩短刈割（放牧）间隔时间，提高产草量，改善鸭茅的品质和草层结构成分，延长利用时间，增强鸭茅的自身抗病能力，应适时浇水。当幼苗株高达 3～5 cm 时可结合浇水进行追施尿素（N≥46.20%）75～100 kg/hm^2；达到利用条件后，又可在返青、拔节、刈割或放牧后结合浇水进行追施尿素或复合肥 150～450 kg/hm^2。

5. 利用方式

为了适应养殖业的需要，"楷模"的收割时期应随畜禽种类及年龄的不同而不同。饲养成年家畜以孕穗期和抽穗期收割为宜；饲养幼龄畜禽，应以拔节至孕穗期收割为宜。收割过迟，纤维增多，品质下降，还会影响其再生。据测定，初花期与抽穗期刈割相比，再生草产量下降 15%～26%。

6. 产量

"楷模"特别适合在黄河以南水量充足的地区种植，鲜草产量可达4000～5000 kg，如果气候适宜、栽培管理跟得上，亩产鲜草最高可达10 000 kg。

收割时，应注意留茬高度。留茬高低首先影响产草量，其次影响再生草的生长速度和质量。刈割时，留茬高度应稍高一些，一般为10～12 cm。鸭茅草地割草或放牧高度如低于6 cm，植株再生生长将受到严重影响。对于混播草地中的鸭茅，以刈割次数对其产量的影响程度最大，一般随刈割次数的增加，混播鸭茅产量也增加。

第七节　雅　晴
——高产持久多年生黑麦草

一、品种特性

“雅晴”是荷兰百绿集团新西兰育种所育成的高产型多年生黑麦草品种，该品种叶量大、质地柔软、产量高、品质好、持久性强。除了适合饲喂各种畜禽之外，也是鱼的好饲料。“雅晴”已经逐渐成为中国南方适种地区农牧场和广大农户种草养畜的首选品种。

“雅晴”性喜湿润、冷凉气候，在年降水量500～1500 mm的地方均可种植，如湖南、湖北、浙江、江西、四川等省的山区、丘陵区以及河南西部等地，在雨量充足或有灌溉条件的地区表现更为出众。“雅晴”多年生黑麦草可放牧和调制干草，放牧期可达140～200天。利用“雅晴”建植的多年生黑麦草草地可以连续5年以上保持旺盛的生长势，而其他多年生黑麦草品种则不得不在种植2～3年后进行补播。

图 7-7　“雅晴”多年生黑麦草

二、栽培管理技术

1. 土壤与耕作

播种“雅晴”不必深耕，但要求种床平整细碎，保持良好的土壤水分。应选择土质较肥沃，排灌方便的地方种植，整地时要施足底肥。

2. 播种时间

在冬季寒冷地方春夏均可播种，内蒙古地区 5 月中旬，陕西 8 月上旬为宜，长江流域各省秋播以 9 月为宜，不迟于 10 月下旬，春播不迟于 3 月中下旬。

3. 播种方式及播种量

单播时，播种量为 1.0～1.5 kg/亩，一般以条播为宜，行距 15～20 cm，播深 2～3 cm 即可。“雅晴”可与“游客”（“三得利”等）紫花苜蓿、“歌德”白三叶等豆科牧草混播，也可与“楷模”鸭茅等多年生禾本科牧草混播，播种量为 0.7～

1.0 kg/亩。

4. 田间管理

在适宜条件下，“雅晴”1周开始出苗，分蘖能力强、生长快，不久即可茂密成丛，因此苗期除草次数不需太多，或者当其生长到两个月时连同杂草一起刈割，刈割后，“雅晴”生长迅速，加之分蘖多，茎叶旺盛，可抑制杂草生长。水肥充足是多年生黑麦草发挥生产潜力的关键性措施，施用氮肥效果尤为突出，每次刈割后都应追施入粪尿、牛猪粪尿，每亩20担为宜，或施尿素每亩7.5 kg。多年生黑麦草是需水较多的牧草，在分蘖期、拔节期、抽穗期以及每次刈割后均应及时灌溉，保证水分的供应，以发挥“雅晴”高产的特性；夏季灌溉可降低土温，有利于越夏。

5. 利用方式

如做放牧利用，放牧应在草丛高20～30 cm时进行为宜；如刈割利用，一般喂猪、鸡、鱼等或调制干草、制作青贮，应于抽穗前刈割为好，喂牛羊可稍延迟，一般留茬高度不低于5 cm。

6. 产量

“雅晴”的产草量特别高，一般管理条件下，亩产鲜草4000～5000 kg；在水肥充足的条件下，亩产鲜草可达7500 kg以上，比一般多年生黑麦草品种的产量高出近50%，而且叶丛期的粗蛋白含量高达18%以上。

第八节　特　高
——多花黑麦草

一、品种特性

“特高”为百绿集团选育的四倍体、宽叶型一年生黑麦草，具抗寒性好、不易倒伏、叶片宽大、草质柔嫩、发芽快、再生迅速和高产的特性，为农业农村部全国草品种审定委员会审定通过并经农业农村部批准，准予推广应用产品（品种登记号：227）。

图 7-8　“特高”一年生黑麦草

二、栽培管理技术

1. 播种时间

当白天的气温为 10 ℃～30 ℃时，播种“特高”黑麦草能很好地发芽，因此南方地区在 9—11 月进行秋播和在 2 月初进行春播都可收获到牧草，但在 9 月中旬至 10 月中旬播种的牧草产量最高，随着播种时间的推迟，牧草产量逐渐降低。

2. 播种方法和播种量

稻底寄种：水稻收割前 20 天左右，在土壤中的积水放干后，将“特高”黑麦草种子掺上细砂直接进行撒播，但若能将种子提前浸泡 5～8 小时进行催芽，萌发效果更好。收稻时要尽量低割，以免稻茬影响黑麦草的收割。此种播种方法的好处在于能够不影响前作产量的同时及时播种“特高”黑麦草，延长其生长期，同时能够节省土地翻耕费用。稻底寄种每亩播种量为 1.5～1.8 kg。

翻耕播种：土壤翻耕深度 20 cm 左右，将翻耕后的土地整平好后，进行撒播或条播。条播时的行距为 20～30 cm，播深 1～2 cm。播完后要进行镇压，使种子与土壤紧密结合。此种播种方法的好处在于种子萌发效果好，可节约播种量和便于排灌。翻耕播种每亩播种量 1.2～1.5 kg。

3. 田间管理

“特高”对氮肥反应敏感，施肥能大大提高鲜草产量与质量。播种前要施足基肥，出苗后在三叶期和分蘖期各追肥一次，每次施 5～10 kg/亩的尿素或复合肥。每次刈割后，也应追施 10 kg/亩的尿素或复合肥，促进“特高”黑麦草的再生。最好在“特高”黑麦草收割 3～5 天后再施肥，防止化肥灼伤草尖，施肥后要及时进行灌溉。要及时排除田间积水，防止“特高”黑麦草烂根；干旱时要及时灌水，防止枯萎影响产量。

4. 利用

“特高”高度达 40 cm 时即可刈割，之后每隔 20～30 天收割一次，留茬高度为 5～6 cm。若刈割时间过晚，草的营养价值明显降低，草的再生会受到影响。

第九节　饲用苎麻

一、品种特性

“湘饲纤兼用苎麻 1 号”为多年生草本，中根丛生型，苗期生长旺盛，株型紧凑、发蔸再生能力强，茎秆绿色稍细、麻皮薄，叶片多，呈长椭圆形，黄绿色，表面皱纹少。饲料用栽培每年收获 8～10 次，鲜产在 15 t/亩左右，干物质粗蛋白含量为 22%左右。

“湘饲苎 2 号”为多年生草本，中根丛生型，苗期生长旺盛，发蔸再生能力强，茎秆绿色，叶片多，叶片呈长椭圆形，绿色。该品种每年收获 8～10 次，鲜产在 15 t/亩以上，干物质粗蛋白含量在 23%以上。两个饲用苎麻品种经农业农村部全国草品种审定委员会审定通过并经农业农村部批准，准予推广应用产品（品种登记号：XPD014－2014/XPD015－2014）。

图 7－9　饲用苎麻

二、栽培管理技术

1. 播种时间

湖南省为温带气候，冬冷夏热，苎麻扦插于春秋季节为好，时间不宜过晚，夏季高温，在高温下麻苗成活率下降，冬季过冷，苎麻停止生长。夏季7月以后移栽麻苗，麻苗也能够成活，但其成活率降低，且麻苗生长缓慢。所以种植时间在3—6月、9—11月为宜。

2. 土壤与耕作

苎麻对贫瘠土壤、荒化土壤具有很强的耐性，但不耐水，因此种植苎麻严禁选择低洼且经常积水的土地。为获得高产，应选择在排水性良好、土层深厚的土地上。为获高产，需精细整地，深翻20～30 cm，用普通筛石砂的细筛筛土，清除石头、砖块和杂草。土壤肥力和土壤酸碱度是直接影响建植苎麻鲜草产量的主要因素，可施用1000～1500 kg/亩的有机肥，最后再将土块耙细耙平。麻苗移植前，施复合肥20 kg/亩作为基肥。

3. 种植方式及种植量

采用扦插苗进行移栽，尽量使用生长粗壮、根系生长发达的扦插苗，对于较弱的扦插苗，则必须加强管理，浇水保持土壤湿润，保证成活率。进行苎麻扦插苗种植，密度宜控制为2500～3000株/亩，行距约为40 cm×50 cm。为便于收割，将种植株行距控制好，保证横竖行为一条直线。

4. 田间管理

移栽后约半个月，由于气候、病虫害等不良因素的影响，造成的部分麻苗死亡可以被明显观察，应采用备用的麻苗进行修补。中耕除草能够松土、抗干旱，可保墒，消灭杂草、减少病虫害，有利于麻苗根系的生长，减少土壤中的营养损耗。中耕除草的时间应在移栽后至封垄期间、返青前后和刈割之后进行。灌溉是为了补充土壤水分，以满足苎麻丰产稳产的需要。应在刈割后及时灌溉。当土壤含水量为田间最大持水量的50%～80%时，苎麻生长最为适宜。如果水分过多则应及时排水，否则由于土壤水分过多，通气不良，会影响牧草根系的呼吸作用以致其烂根死亡。特别是在低洼易涝地区，一定要注意开沟排水。苎麻具有耐旱、不耐水淹的特点，因此做好田间排水工作非常重要。

5. 利用

以株高 60 cm 时收割为宜。刈青留茬高 2 cm 以内，尽量在平地刈割。雨后或草上露水未干时不能割青，刈割不能用生锈的刀具。移栽第一年在麻苗第一次长到 60 cm 时，不能进行刈割利用，须等到麻苗生长至 2～3 月后破秆（第一次收获麻），仅利用破秆麻叶进行饲喂。以后即可按照苎麻 60 cm 高的标准进行正常刈割利用。

第十节　光叶紫花苕子

一、品种特性

光叶紫花苕子是越年生或一年生草本。主根粗壮，入土深达 1～1.5 m，侧根发达；主茎不明显，有 2～5 个分枝节，一次分枝 5～20 个，2～3 次分枝常达几十至几百个，匍匐蔓生，长 1.53 m。双数羽状复叶，总状花序，花冠蝶形，呈红紫色。荚果矩圆形，光滑，呈淡黄色，含种子 2～6 粒，种子为球形、黑色，种子千粒重 20～25 g。

图 7-10 光叶紫花苕子

二、栽培管理技术

1. 播种时间

春播、秋播皆宜。适期早播是取得高产的关键，在黄河下游地区宜在 8 月上、中旬播种；淮北为 8 月中旬至 9 月上旬播种为宜；西北地区套复种为 5 月中、下旬为宜。种子发芽适温为 20 ℃～25 ℃，气温低至 3 ℃～5 ℃时地上部则停止生长，20 ℃左右生长最快，也最有利于开花结荚，阴雨会影响开花授粉。

2. 土壤与耕作

光叶紫花苕子适应性广，在平原至海拔 2000 m 的山区均可种植，在红壤坡地以至黄淮间的碱砂土均生长良好。耐寒性强，当气温低于－10 ℃时地上部开始受冻。在山东南部能安全越冬。耐旱性强，现蕾期之前也较能耐湿。耐瘠性及抑制杂草的能力均强，可以在 pH 4.5～5.5、质地为砂土至重黏土、含盐量低于 0.2%的各种土壤上种植。

稻田秋播宜先浅耕灭茬或免耕，要开好排灌沟渠，在棉田、玉米田、高粱田及果树行间套种，开行条播。春麦田套种用撒播，播后灌水，苗床须保持有较好的土壤水分。

3. 播种方式及播种量

每亩播种量早播或肥地为 3～4 kg，迟播或瘦地的每亩播种量为 5 kg，行距为 40～50 cm，作分次或抽行收割的为 25～30 cm，覆土深度为 3～4 cm。磷肥有良好的增产效果，宜作基肥施用。

光叶紫花苕子可和黑麦草或鸭茅混播，也可和蚕豆加芥菜混播，这样能提高青苗的高度，通常与黑麦草同行混播，与鸭茅和蚕豆间行播种，与芥菜一同撒播，每亩播种量为黑麦草 0.5～1 kg，黑麦 3～4 kg，蚕豆 10～12 kg，芥菜 0.5 kg，光叶紫花苕子为 2.5～3 kg。

4. 田间管理

全期危害光叶紫花苕子的是蚜虫，花荚期危害的有蓟马、豆荚螟，宜及时检查防治。病害以叶斑病为常见，可用 25%多菌灵（1∶250）喷洒。带毒的蚜虫可传播病毒，使光叶紫花苕子无收获，故首先应彻底防治蚜虫。

5. 利用方式

光叶紫花苕子的饲用价值与毛叶苕子相当，牛、羊、猪、兔均喜食。在我国农区以青饲为主，在美国被用作干草或青贮饲料，也作青饲或放牧。在现蕾期收割，亩产鲜草 2000～3500 kg，如果分次收割，可以避免因草层太厚而导致下部叶片黄化或霉腐，而且草质较嫩。在江淮地区于 9 月份播种可在 3 月下旬及 5 月上旬各收 1 次，于 8 月中、下旬播种且生长良好的，可于临冬、早春及初夏各收 1 次，也可以密播而分批抽行收割，以增加收割的次数和产量。饲草品质以现蕾期之前较高。

光叶紫花苕子也是良好的绿肥与覆盖作物，在果园可利用其硬籽（通常含 10%～15%）特性年年秋季自生，在 3—6 月形成果园覆盖，压制杂草及改良土壤。也可用作开垦荒地的先锋作物，有良好的压制杂草及改良土壤效果。在农田作绿肥时，是水稻、棉花、玉米等作物的前作。适时耕翻，能使其增产效果显著。在现蕾期鲜草肥料成分如下：全氮 0.50%、五氧化二磷 0.13%、氧化钾 0.43%。光叶紫花苕子也是良好的蜜源植物，花期长达 1 个月，蜜质好，1 亩可提供花蜜 25 kg 左右。

第十一节　苇状羊茅

一、品种特性

苇状羊茅又名高羊茅，属多年生草本植物，丛生型，叶片较早熟，禾宽，叶片为线状披针形，宽 5～10 mm，先端长渐尖，通常扁平，下面光滑无毛，上面及边缘粗糙。绿期长，耐低修剪。

苇状羊茅具有广泛的生态适用性，适宜在寒冷潮湿和温暖潮湿的过渡带生长。苇状羊茅耐热性较强，耐阴性中等，夏季不休眠，高温下叶片的生长会受到限制，但仍保持颜色和外观的一致性。苇状羊茅是最耐旱和耐践踏的冷季型草坪草之一。适应的土壤范围很广，在肥沃、潮湿、富含有机质的细壤中生长最好，对肥料反应明显。pH 值的适应范围是 4.7～8.5，最适宜 pH 值为 5.5～7.5。苇状羊茅耐土壤潮湿，并可忍受较长时间的水淹。被广泛用于养护管理粗放的飞机场、赛马场等场地以及公路护坡等。

图 7-11 苇状羊茅

二、栽培管理技术

1. 土壤与耕作

清除土壤表层杂物，仔细平整土地，坪床疏松、透气、平整、排水良好。若土壤贫瘠，要施用有机肥或复合肥增加肥力。

2. 播种时间

播种时间宜在 3 月中下旬或 9 月中下旬。为了避免杂草危害，秋天播种效果较好。新建草坪播种量为 30 g/m^2，补播草坪为 20～30 g/m^2，高草区为 35～45 g/m^2，播种深度为 1.0～1.5 cm。适宜发芽温度为 15 ℃～25 ℃，播后保持种床湿润，以促进种子萌发。水温适宜时，5～10 天开始出苗，成坪速度较快，40～45 天即可成坪。

3. 播种方式及播种量

单播、混播均可。与草地早熟禾混播时，苇状羊茅所占比例不应低于 70%。播后覆盖 1～2 cm 厚的细土，保持土壤湿润，一般 7～14 天可出苗，50 天左右就能成坪。

4. 田间管理

耐粗放管理，耐践踏。根据不同用途，修剪高度可调整为 2.5～6.5 cm，在生长旺盛季节，注意适时修剪、施肥和灌溉。

5. 利用

苇状羊茅根系非常发达，草坪弹性好、强度大，适宜于草皮生产和种草护坡；可用于家庭花园、公共绿地、公园、足球场等运动草坪，也被广泛用于高尔夫球场、赛马场和机场草坪，园林绿化和水土保持。作为牧草利用，还可与草地早熟禾和多年生黑麦草等混播。

第十二节　曲辰九号
——青贮玉米品种

一、品种特性

“曲辰九号”是湖南佳牛牧业科技有限公司引进的中熟种高产青贮玉米，“曲辰九号”植株为深绿色，成株整齐，株型紧凑，叶片肥厚宽大。茎秆为青绿色。雄花颖壳呈淡青色，花药为淡红色。雌花呈粉红色。株高251 cm，穗位高104 cm，收获时单株绿叶数为15叶，穗长为19.7 cm，穗粗为4.8 cm，圆柱形，穗轴白色，穗行数为12.5行，行粒数34.6粒，粒色白色，中间型，千粒重346g，生育期128天。品质分析结果为粗脂肪含量5.13%，总淀粉含量60.44%，蛋白质含量9.0%，容重为708 g/L。抗性鉴定结果为高抗茎腐病、丝黑穗病、中抗大斑病、纹枯病、中感锈病、感小斑病、弯孢霉叶斑病、穗粒腐病和高感灰斑病。“曲辰九号”的引进一定程度填补了其他夏季牧草接种黑麦草的空白，延长了黑麦草的利用时间。

二、栽培管理技术

1. 土壤与耕作

清除土壤表层杂物和杂草，仔细平整土地，坪床疏松、透

图 7－12　“曲辰九号”玉米

气、平整、排水良好。整墒起垄，大行 100 cm，小行 40 cm。若土壤贫瘠，要施用 5 t 有机肥或 50 kg 复合肥增加肥力。

2. 播种

播种时间宜在 4 月上旬至 5 月下旬。为了避免杂草危害，可在整好的墒上盖膜，两边压实，膜上打孔，孔距 25 cm，穴深 3 cm，每穴放 2～3 粒种子，每亩保株 4000～6000 株。

3. 田间管理

中耕除草，4～5 叶期施尿素 20 kg，11～12 叶期施尿素 40 kg，有利于高产。

4. 利用

“曲辰九号”亩产鲜草 4～5 t，主要用于青贮。

第十三节 墨西哥玉米草

一、品种特性

墨西哥玉米草，又名大刍草，是遗传稳定的青饲料类玉米品种，具有分蘖性强、再生性好和高产优质的特点。墨西哥青饲玉米系一年生草本植物，其株高 3～4 m；分蘖力强，每丛有 30～70 多个分枝，高达 90 多个分枝；茎秆粗壮，枝叶繁茂，叶片大，叶量丰富，质地松脆，具有甜味。每年可刈割 5～8 次，生育期为 200～270 天，亩产鲜草 1.5～2 万 kg，高产的可达 2.5～3 万 kg，是名副其实的高产青饲料之王，故有“一亩可顶 10～15 亩玉米”的说法。

图 7-13 墨西哥玉米草

二、栽培管理技术

1. 土壤与耕作

清除土壤表层杂物和杂草，仔细平整土地，坪床疏松、透气、平整、排水良好。

2. 播种

我国北方地区春、夏季可播，南方地区春、夏、秋三季可播。墨西哥青饲玉米草一般实行春播，温度稳定在 20 ℃左右，行株距 35 cm×30 cm 或 40 cm×30 cm，亩播种量 1.5 kg，亩实生株群 5000～6000 株，开行点播。每穴 3～5 粒，播种后施撒基肥，盖 3～4 cm 碎土。播种时可混拌适量磷肥作基肥，每亩施 1000～1500 kg 有机肥，或 7.5～10 kg 复合肥，留种地应增施磷钾肥。

3. 田间管理

苗期在 5 叶前长势缓慢，5 叶后开始分蘖，生长转旺。应定苗补缺，并亩施氮肥 5 kg，小中耕促苗苗高 30 cm，亩施氮肥 6 kg、中耕培土，促进分蘖快长，以后每次刈割待再生苗高 5 cm 左右时即应追肥盖土，注意旱灌涝排。

4. 利用

苗高 40 cm 时可第一次刈割，留茬 5 cm，以后每隔 15 天刈割一次，每留茬要比原留稍高 1～1.5 cm，注意不能割掉生长点，以利再生。

第十四节 “桂牧一号”杂交象草

一、品种特性

“桂牧一号”杂交象草喜温暖湿润的气候，冬季重霜雪时，部分叶枯萎，但地下部分能安全过冬。其抗倒伏性强，抗旱耐湿。对土壤要求不严，在土层深厚和保水良好的砂壤土中生长最好。适时收割的青草，茎叶质地柔软，叶量大，适口性好，为牛、马、羊、鱼、兔、鹅等所有草食动物所喜食。

“桂牧一号”杂交象草营养价值高，干物质中粗蛋白含量为13.09%，粗脂肪含量为2.54%，粗纤维含量为28.74%，粗灰分含量为10.06%，无氮浸出物含量为39.41%。“桂牧一号”杂交象草为多年生禾本科牧草，一年刈割4～6次，株高可达1.8～3.0 m，年亩产鲜草达8～10 t。“桂牧一号”与其他象草类的对比情况见表7-2。

表7-2 杂交象草类的对比

品种	优点	缺点
皇竹草	管理少、适应性强、病虫害少	适口性差、抗寒性差、产量略低于“桂牧一号”和甜象草
“桂牧一号”	分蘖能力强、适应性强	有一定的病虫害、生长速度较甜象草慢
甜象草	生长速度快、适口性好、抗寒能力强	易遭虫害、对水肥需求高

图 7-14　“桂牧一号”杂交象草

二、栽培管理技术

1. 栽培时间

在湖南省丘陵湖区最佳移栽时间为每年 4 月 20 日—5 月 10 日，最迟不超过 6 月 10 日。

2. 播种方式

按常规耕平整用地后，土开穴，穴行株距均为 80 cm，穴深 6～8 cm，每穴用土杂肥 2～2.5 kg（以火土灰与猪粪混合而成），或每穴施复合肥 80～100 g，每穴栽“桂牧一号”种苗 1 颗。

3. 田间管理技术

（1）除杂：“桂牧一号”一般种植后 7 天开始出苗，苗高 30～40 cm 时就可以进行除杂除草。

（2）施肥：种前施足底肥，在苗高 30～40 cm 时施肥，尿素每亩施 10 kg，每次刈割后追施有机肥和尿素。

（3）刈割：第一次刈割在苗高 1 m 时为宜，第一次分蘖少，刈割后可促进植株根部更多的芽眼萌动，增加分蘖数和地上部分植株数，达到增产的目的。以后每次刈割在植株高度为 1.5～2 m、地上第一茎节老熟时为宜。刈割留茬高度为 5 cm 左右，留茬过高，植株分蘖弱小，影响产量，也增加下次刈割难度。每割青草 1 次留茬高度向上递增 1～2 cm。

4. 留种越冬

（1）覆盖种蔸越冬：可采用牛粪、猪粪、火土灰黄土、稻草、薄膜等覆盖。

（2）种茎半掩埋法越冬的操作方法：挖坑→竖直放→浇透水→覆盖。

第十五节　杂交饲料桑

一、品种特性

杂交饲料桑，又名雅津蛋白桑，由北京桑梁技术发展中心专家通过人工选择与杂交育种培育出的抗逆性品系。杂交饲料桑是我国桑产业中效益较好的新型品种，区域适应性强，具有直接的生态价值和饲料价值，开发前景十分广阔。中根丛生型，苗期生长旺盛，株型紧凑、发蔸再生能力强。饲料用桑栽培每年收获 5～8 次，鲜产在 4.5 t/亩左右，干物质粗蛋白含量为 22%以上。

据测定，杂交饲料桑含有丰富的碳水化合物、蛋白质、脂肪酸、纤维素，以及维生素和矿物质元素。其中氨基酸种类齐全，达到 18 种，含量占桑叶干物质的 10%以上。在这些氨基酸中，动物必需和非必需氨基酸占到总量的一半以上，尤其是赖氨酸、蛋氨酸、胱氨酸、谷氨酸含量较高，作为饲料用杂交饲料桑有较高的营养价值。从桑叶中所含的维生素来看，每100g桑叶中含维生素C 30～40 mg、维生素B_1 0.5～0.8 mg、维生素B_2 0.8～1.5 mg、维生素E 30～40 mg、维生素B_{11} 0.5～0.6 mg、维生素B_5 3～5 mg。桑叶的矿物营养也较为丰富，据测定桑叶主要含有8种矿物元素，其中钾、钙、铁、锌、锰含量明显高于玉米、苜蓿（青绿），说明桑叶作为饲料对动物的生长发育具有重要意义。

图7-15　杂交饲料桑

二、栽培管理技术

1. 播种时间

湖南省属温带气候，冬冷夏热，杂交饲料桑扦插于春秋季节为好，时间不宜过晚。夏季高温，在高温下桑苗成活率下降，冬季过冷，桑苗停止生长。夏季7月以后移栽桑苗，桑苗也能够成活，但需要进行灌溉。所以种植时间在3—6月、9—11月为宜。

2. 土壤与耕作

杂交饲料桑对贫瘠土壤、荒化土壤具有很强的耐性，适宜在各种土壤中种植。但为获得高产，应选择在排水性良好、土层深厚的土壤中种植。土壤肥力和土壤酸碱度是直接影响建植杂交饲料桑鲜草产量的主要因素，可施用1000～1500 kg/亩的有机肥，最后再将土块耙细耙平。

3. 种植方式及种植量

采用扦插苗进行移栽。尽量使用生长粗壮、根系生长发达的扦插苗，对于较弱的扦插苗，则必须加强管理，浇水保持土壤湿润，保证其成活率。注意在灌溉条件不好的旱地和沙漠化地区要进行深栽。杂交饲料桑种植密度宜控制为1500～2000株/亩，行距约为50 cm×60 cm。为便于收割，应将种植株行距控制好，保证横竖行为一条直线。

4. 田间管理

移栽后约半个月，由于气候、病虫害等不良因素造成的部分桑苗死亡可以被明显观察出，应采用备用的桑苗进行修补。中耕除草能够松土、抗干旱，可保墒，消灭杂草，减少病虫害，有利于桑苗根系的生长，减少土壤中的营养损耗。中耕除草的时间应在移栽后至封垄期间、返青前后和刈割之后。灌溉是为了补充土壤水分，以满足丰产稳产的需要，应在刈割后及时灌溉。

5. 利用

桑叶和嫩茎用作家畜饲料，最简单、最适用、成本最低的方法是直接刈割鲜食，也可以将干桑叶和嫩茎直接喂牛、羊，还可以将其晒干、粉碎后与其他饲料配合使用。一般来说，在鸡饲料中添加5%～10%、在猪饲料中添加25%～30%、在兔饲料中添加10%～15%、在羊饲料中添加15%～20%，在牛饲料中添加30%～40%较为适宜。

附录A
湘东黑山羊繁育技术规程

（DB43/T 1764—2020）

前　言

本标准按照 GB/T 1.1—2009 给出的规则起草。

请注意本标准某些内容可能涉及专利，本标准发布机构不承担识别这些专利的责任。

本标准由湖南省畜牧水产事务中心提出。

本标准由湖南省农业标准化技术委员会归口。

本标准起草单位：湖南省畜牧兽医研究所、湖南芳草湾生态园有限公司、浏阳市浏安农业科技综合开发有限公司、浏阳市农业发展事务中心、平江县动物疫病预防控制中心、安乡县古楼乡动物防疫站、汨罗市畜牧水产服务中心。

本标准主要起草人：江为民、李昊帮、李新国、李安定、江新明、夏晓伟、张旭、许吉秋、李源、徐化义、易康乐、孙鏖、李晟、罗阳、李剑波。

湘东黑山羊繁育技术规程

1　范围

本标准规定了湘东黑山羊的选育技术、繁殖技术，以及相关档案记录等要求。

本标准适用于湘东黑山羊的品种选育与扩繁。

2　规范性引用文件

下列文件对于本文件的应用是必不可少的。凡是注日期的引用文件，仅所注日期的版本适用于本文件。凡是不注日期的引用文件，其最新版本（包括所有的修改单）适用于本文件。

GB 20557　山羊冷冻精液

NY 810　湘东黑山羊

NY/T 1236　绵、山羊生产性能测定技术规范

NY/T 2843　动物及动物产品运输兽医卫生规范

NY/T 5339　无公害农产品　畜禽防疫准则

DB43/T 634　畜禽水产养殖档案记录规范

DB43/T 1196　规模山羊场免疫技术规程

3　术语和定义

下列术语和定义适用于本标准。

3.1　发情周期

上一次发情开始到下一次发情开始的间隔时间。

3.2　发情持续期

从表现发情特征到特征消失的间隔时间。

3.3　同期发情

利用外源激素制剂人为地控制并调整一群母羊发情周期的进程，使之在预定的时间内集中发情，以便有计划地组织配种。

3.4　人工辅助交配

区别于公母羊混群自由交配方式，将公母羊分群管理，在配种季节每天对母羊进行发情鉴定，然后将指定公羊与发情母羊进行交配。

3.5　人工授精

将采集的公羊精液，经精液品质检查与处理后，使用器械把精液（或稀释精液）输入发情母羊生殖道内，使母羊受孕的过程。

3.6　受胎率

本年度内最终妊娠母羊数占配种母羊数的百分比，其计算公式如式（1）：

$$\text{受胎率}=\frac{\text{最终妊娠母羊数}}{\text{配种母羊数}}\times 100\% \quad \cdots\cdots\cdots\cdots (1)$$

3.7　产羔率

产活羔羊占分娩母羊数的百分比，其计算公式如式（2）：

$$\text{产羔率}=\frac{\text{产活羔数}}{\text{分娩母羊数}}\times 100\% \quad \cdots\cdots\cdots\cdots (2)$$

3.8　断奶成活率

断奶时成活羔羊数占出生时活羔羊总数的百分比，其计算公式如式（3）：

$$\text{断奶成活率}=\frac{\text{断奶时成活羔羊数}}{\text{出生时活羔羊数}}\times 100\% \cdots\cdots\cdots (3)$$

3.9　群体近交系数

是指封闭群体内繁育时，采用随机交配的办法，随着繁殖世代的增加，后代血缘间近亲程度的百分比，其计算公式如式（4）：

$$\text{群体近交系数}(F_t)=1-\left(1-\left(\frac{1}{8\times\text{群内配种公羊数}}\right)^{t}\right. \cdots\cdots\cdots\cdots (4)$$

t——世代数

4 选育技术

4.1 引种

4.1.1 种羊来源

种羊应来源于具有《种畜禽生产经营许可证》和《动物防疫条件合格证》的湘东黑山羊种羊场。

4.1.2 品种特性

应符合 NY 810 种羊的规定。

4.1.3 防疫要求

应按照 NY/T 5339 的规定执行。

4.1.4 运输过程

应符合 NY/T 2843 的规定。

4.1.5 隔离免疫

引入的种羊应隔离饲养 45 天以上，隔离期间按 DB 43/T 1196 的规定进行免疫或补充免疫，确认健康后方可入场。

4.2 选种

4.2.1 生产性能测定

在 6 月龄、周岁、成年三个阶段，对种羊的体重、体尺进行生产性能测定，测定方法按照 NY/T 1236 的规定执行。

4.2.2 种羊等级评定

应按照 NY 810 的规定执行。

4.2.3 种羊选留

4.2.3.1 种公羊选留

经评定等级为特级、一级的公羊个体可作为种公羊使用。

4.2.3.2 种母羊选留

经评定等级为特级、一级、二级的母羊可作为种母羊使用。

4.3 选配

4.3.1 初配年龄和体重

公羊达12月龄以上，母羊达10月龄以上，且达到成年羊体重70%以上。

4.3.2 繁殖年限

公羊1～6岁、母羊10月龄至6岁。

4.3.3 亲缘关系

交配公、母羊至少三代内无亲缘关系。

4.4 纯种选育

4.4.1 要求指标

群体近交系数应控制在12.5%以内。

4.4.2 繁育方法

4.4.2.1 品系繁育法

适用于湘东黑山羊保种区核心群（场）的种羊选育。按继代母羊组群，最小纯繁群体至少有母羊300只，配备至少相距三个世代的公羊10只。按公母比1∶30采取人工辅助交配方式，定群、定羊配种，避免近亲交配。

4.4.2.2 血液更新法

适用于湘东黑山羊保种区扩繁群（场）的种羊选育。最少由30只以上的纯种（系）繁殖母羊组成，在群内按公母比1∶30采取混群自由交配。坚持每年异地更换一次同品种（系）至少相距三个世代的公羊，群内所繁殖的公羊一律育肥淘汰。

4.5 杂交选育

4.5.1 商品杂交选育

4.5.1.1 二元杂交

引入1个外血种公羊对湘东黑山羊母羊及杂交后代进行反复杂交2～3代次，使其后代接近引入品种生产性能。

4.5.1.2 三元杂交

引入 2 个外血品种种公羊对湘东黑山羊母羊及杂交后代进行轮回杂交，使其后代兼有湘东黑山羊和 2 个引入品种的优秀生产性能。

4.5.2 新品种（系）培育过程

4.5.2.1 基础群建立

选择身体健康，1 级以上（含 1 级）湘东黑山羊适繁母羊 300 只以上，建立新品种（系）培育基础群。

4.5.2.2 导入杂交

以改进湘东黑山羊某个生产性能为目的，少量引入外血种公羊对基础群母羊进行导入杂交，将导入杂交的 F_1 代种羊，连续二代挑选性能优秀的个体和湘东黑山羊种羊回交，使新品种（系）选育群个体的导入品种血缘占 1/8。

4.5.2.3 横交固定

在湘东黑山羊新品种（系）选育群内部采用自群繁育法连续选配三个世代以上，使其生产性能趋于稳定。

4.5.2.4 核心群建立

基于系谱选择与生产性能测定，在湘东黑山羊新品种（系）选育群内选择一级以上（含一级）种母羊 300 只以上，五代以内无血缘关系特级种公羊 10 只以上，形成新品种（系）核心群。

5 繁殖技术

5.1 发情鉴定

5.1.1 发情持续期

湘东黑山羊群体平均发情持续时间为 36～60 h。

5.1.2 发情鉴定方法

5.1.2.1 外部观察法

当母羊出现兴奋不安，追寻公羊，阴户潮红并排出黏液，一般视为已发情。

5.1.2.2　公羊试情法

利用试情公羊早晚各试情 1 次，当母羊寻找或主动接近公羊，并乐意接受公羊爬跨且安静不动，可确定已发情。

5.2　发情控制

发情控制的处理方法，参见资料性附录 A.1。

5.3　配种

5.3.1　配种方法

5.3.1.1　自由交配

公、母羊混群饲养，自由交配。

5.3.1.2　人工辅助交配

公、母羊分群饲养，母羊发情后，按照选配制度指定公羊对其进行人工辅助交配。公羊配种一般每天不超过 3 次，每周至少停配 2 天。

5.3.1.3　人工授精

公、母羊分群饲养，母羊发情后，按照选配制度采用指定公羊精液进行人工输精配种。种公羊精液的采集、检测、处理与输精，应按照 GB 20557 的规定执行。

5.3.2　配种时间

5.3.2.1　自然发情

母羊经发情鉴定确定发情后，应立即配种，间隔 8～12 h 复配 1 次。

5.3.2.2　控制发情

控制发情的母羊停止激素处理后的 36～40 h 人工输精 1 次，间隔 8～12 h 再输精 1 次。

5.4　妊娠诊断

配种后应及时进行妊娠诊断，对未受孕的母羊应及时进行复配。常用的妊娠诊断方法有外部观察法与B超检测法。

5.4.1 外部观察法

在配种后的21天与42天前后，分别连续试情3～5天，连续两次均不表现发情的配种母羊，确认为妊娠母羊。

5.4.2 B超检测法

可在配种后30～40天，采用B型超声波仪对母羊进行妊娠检查，检查应在母羊空腹12 h以上时进行。B超显现子宫妊娠腔或子叶发育可确诊妊娠。

5.5 保胎接产

5.5.1 保胎

5.5.1.1 妊娠前期

配种后1周内使母羊处于安静状态，避免噪声和惊吓。对已确认受孕的母羊要重新分群管理，并与公羊隔离，防止追爬误配导致隐性流产和早产。

5.5.1.2 妊娠后期

妊娠后期胎儿发育较快，母羊应增加营养供应，放牧羊只应适当补饲，舍饲羊只应在前期基础上增加30%～50%的饲喂量。对病弱母羊可注射黄体酮进行保胎。

5.5.1.3 临产期

妊娠前期不宜进行免疫注射，如因生产周期调整需要紧急免疫可选择在妊娠后期进行，注射方法参见DB43/T 1196。

5.5.2 接产

5.5.2.1 产前管理

对于全舍饲的母羊，临产前半个月左右应加强运动并适当减少精料饲喂量。临产前2～3周，给母羊肌内注射亚硒酸钠维生素E，剂量为每只羊2～3 mL。临产前3天，发现母羊乳房开始肿胀，应转入产房小栏饲养待产，禁止剧烈运动。

5.5.2.2　临产接产

母羊集中产羔时应设专人轮班看护，发现生产后应及时将母羊与羔羊移至单栏管理。对于产力不足或发生难产的母羊应及时进行助产。

5.5.2.3　产后护理

应及时给母羊补充0.9%的淡盐水，水温在35 ℃左右，并饲喂麸皮等易消化的饲料。产后3天内，应给予适量青干草，停喂青绿饲料和青贮饲料。对于病弱或产后瘫痪的母羊应及时给予治疗。

5.6　断奶

5.6.1　放牧模式

放牧状态下，羔羊应在出生后90天内断奶，母羊产后满30天可每天早晚进行公羊试情，对体质健康并表现发情的母羊，应及时进行配种。

5.6.2　舍饲模式

舍饲状态下，羔羊可提前饲喂代乳料，缩短母羊哺乳期至40～60天，停止哺乳的母羊，宜及时进行控制发情处理和集中配种。

5.7　繁殖指标

适繁母羊的受胎率≥90%，初产母羊产羔率≥147%，经产母羊产羔率≥217%，断奶成活率≥90%。

6　档案记录

羊场的生产档案管理应按照DB43/T 634的规定执行。种羊卡片参见资料性附录A.2，种羊繁育生产记录表参见资料性附录A.3。

资料性附录 A.1

山羊发情控制技术操作规程

1 同期发情

1.1 前列腺素（PG）

一般采用间隔 11 天两次注射法，PG 注射剂量为每次每只羊 0.1 mg。第 1 次注射后发情不配种，在第 2 次注射后，母羊开始集中发情并配种。

1.2 孕激素（P）＋前列腺素（PG）

使用孕酮栓阴道埋植 11～13 天，撤栓同时注射 PG 1 次，剂量为每只羊 0.1 mg，母羊开始集中发情配种。

2 排卵控制

2.1 孕马血清（PMSG）＋人绒毛膜促性腺激素（HCG）或促排 3 号（A3）

常与前列腺素法联合使用，在第 2 次注射 PG 同时注射 PMSG，剂量为每只羊 500 IU，发情配种的同时注射 HCG，剂量为每只羊 500 IU；或注射 A3，剂量为每只羊 25 μg。生产中可用于诱发双羔或多羔。

2.2 促卵泡素（FSH）＋促黄体素（LH）

常与孕激素法联合使用，以母羊置栓当天为 0 天，第 15～17 天连续 3 天，早晚间隔 12 h 注射 FSH 各 1 次，递减注射，总剂量为 90～160 IU，第 6 针同时撤栓，第 18 天注射 LH 80～120 IU。生产中适用于超排生产胚胎。

资料性附录 A. 2

种羊卡片

表 A. 2. 1 种羊卡片（正面）

<table>
<tr><td colspan="2">品种：　　　　　　　　　性别：
出生日期：　　年　月　日　出生时母亲年龄：
单（多）羔：　　　　　　出生重：　　kg
出生地：　种羊场　调入日期：　年　月　日
等级：　　　　　　　　　测定日期：6 月龄
等级：　　　　　　　　　测定日期：周岁
等级：　　　　　　　　　测定日期：成年</td><td>照片</td></tr>
<tr><td colspan="3">系谱：</td></tr>
<tr><td rowspan="4">父号：
等级：</td><td rowspan="2">父号：
等级：</td><td>父号：
等级：</td></tr>
<tr><td>母号：
等级：</td></tr>
<tr><td rowspan="2">母号：
等级：</td><td>父号：
等级：</td></tr>
<tr><td>母号：
等级：</td></tr>
<tr><td rowspan="4">母号：
等级：</td><td rowspan="2">父号：
等级：</td><td>父号：
等级：</td></tr>
<tr><td>母号：
等级：</td></tr>
<tr><td rowspan="2">母号：
等级：</td><td>父号：
等级：</td></tr>
<tr><td>母号：
等级：</td></tr>
</table>

表 A.2.2 种羊卡片（反面）

种羊生长发育记录表

羊号： 品种： 性别：

发育阶段	测定日期	体重/kg	体尺/cm						
			体高	十字部高	体斜长	胸围	腹围	管围	睾丸围
出生									
断奶									
6月龄									
周岁									
成年									

种母羊繁殖性能记录表

羊号： 品种：

项目	初配年龄	胎次								
产羔数										
断奶窝重/kg										
断奶成活率/%										

种羊品质评定记录表

羊号： 品种：

发育阶段	体型外貌等级	生长发育等级	繁殖性能等级	综合评定等级
出生				
断奶				
6月龄				
周岁				
成年				

资料性附录 A.3

种羊繁育生产记录表

表 A.3.1 种母羊配种记录表

序号	母羊号	出生日期	胎次	繁殖状态	同期时间	处理方法	发情时间	配种时间	与配公羊号	配种方式	配种次数	返情时间	预产期	备注
说明	配种母羊号	出生日期	生产次数(含流产)	妊娠或空怀	同期处理时间或无	激素处理方案	母羊发情时间	配种的时间	配种的公羊号	本交或人工授精	一般应配1次以上	配后再次发情时间	最后配种加152天	

表 A.3.2 种公羊采精记录表

序号	公羊号	出生日期	繁殖状态	诱导时间	处理方法	调教表现	采精时间	采精量	鲜精活力	稀释活力	冻精活力	备注
说明		出生日期	调教、采精、本交、淘汰	激素处理时间或无	激素处理方案	无性欲、爬跨、射精、采精成功	公羊采精处理时间	采集的精液体积	显微镜观察原精活力	稀释后活力≥0.7方可冷冻	解冻后活力≥0.3方可输精	

表 A.3.3 种母羊产羔记录表

序号	母羊号	出生日期	胎次	产羔日期	生产情况	产羔数	羔羊性别	羔羊号	羔羊情况	羔羊初生重	羔羊哺乳情况	合群日期	羔羊状态	备注
说明	配种母羊号	母羊出生日期		本次产羔时间	顺产或难产	窝产羔数			正常、流产、死胎、弱羔		母乳、代乳或人工哺乳	母羊移出产房日期	正常、较弱、死亡	

表 A.3.4 羔羊生长发育记录表

序号	羔羊号	出生日期	性别	母亲羊号	父亲羊号	同胞数	出生情况	初生重	哺乳情况	去势日期	去势方法	断奶日期	断奶重	备注
说明						同窝羔羊数	正常、流产、死胎、弱羔	羔羊出生体重	母乳、代乳或人工哺乳	公羔去势时间	结扎、手术	羔羊断奶时间	羔羊断奶体重	

附录 B
湘东黑山羊羔羊早期断奶技术规程

（DB43/T 2221—2021）

前　言

本文件按照 GB/T 1.1—2020《标准化工作导则　第 1 部分：标准化文件的结构和起草规则》的规定起草。

请注意本文件的某些内容可能涉及专利。本文件的发布机构不承担识别专利的责任。

本文件由湖南省农业农村厅提出。

本文件由湖南省农业标准化技术委员会归口。

本文件起草单位：湖南省畜牧兽医研究所、湖南光大牧业科技有限公司、资阳区农业农村局、浏阳市农业发展事务中心、平江县动物疫病预防控制中心、长沙县路口镇农业综合服务中心。

本文件主要起草人：罗阳，江为民，李昊帮，宋武，李安定，易康乐，刘海林，黄世玉，何芳，李剑波，孙鏖，浣成，文立华，冯小花，罗璋，李晒阳，罗宇，伍佰鑫。

湘东黑山羊羔羊早期断奶技术规程

1 范围

本文件规定了湘东黑山羊羔羊早期断奶前管理、早期断奶管理、档案管理等内容。

本文件适用于湖南省湘东黑山羊羔羊早期断奶生产操作。

2 规范性引用文件

下列文件中的内容通过文中的规范性引用而构成本文件必不可少的条款。其中，注日期的引用文件，仅该日期对应的版本适用于本文件；不注日期的引用文件，其最新版本（包括所有的修改单）适用于本文件。

GB 13078 饲料卫生标准

NY/T 816 肉羊饲养标准

DB43/T 634 畜禽水产养殖档案记录规范

DB43/T 1196 规模山羊场免疫技术规程

DB43/T 1527 湘东黑山羊饲养管理技术规范

3 术语和定义

下列术语和定义适用于本文件。

3.1 羔羊早期断奶

湘东黑山羊羔羊在30日龄或体重达到6 kg时停止哺乳。

4 早期断奶前管理

4.1 日常管理

断奶前3～5天，应每天巡视产房羊群，观察每只羔羊的食欲、精神、粪便等情况。

4.2 羊舍

断奶羔羊羊舍应背风向阳、通风干燥，远离母羊舍，冬季应配有保暖设施，温度控制在 10 ℃～20 ℃。羊舍内要有专用饲料槽和饮水槽，饲喂用具应每天清洗。推荐断奶羔羊栏舍面积为 2 m×4 m，饲养密度不低于 1.5 只/m^2。

4.3 消毒

羊舍消毒参照 DB43/T 1527 的规定执行。

4.4 分群

断奶前 1 天按照体重和体质相近原则进行分群。

5 早期断奶管理

5.1 代乳粉配制

羔羊代乳粉原料以全脂大豆粉、乳清粉、小麦蛋白粉、奶粉、葡萄糖、矿物质预混料等为主要成分，推荐配方参见资料性附录 B.1，营养需要参照 NY/T 816 的标准执行。

5.2 早期断奶

5.2.1 将代乳粉按照 1∶（6～7）的比例溶解于 50 ℃～60 ℃温开水中，用玻璃棒搅拌均匀，待温度凉至 40 ℃左右，分装至干净卫生的奶瓶中进行饲喂，代乳粉参考用量参见资料性附录 B.2。

5.2.2 饲喂结束后，用干净的纱布或毛巾将羔羊口鼻处的残乳擦干净，防止舔癖。

5.2.3 及时清洗奶瓶，煮沸消毒 15 min，晾干后放在干燥通风的位置。

5.2.4 断奶第 1～2 天应人工辅助采食：左手拇指和食指轻捏羔羊下颌骨，使羔羊口腔微张，然后轻轻地将奶嘴放入羔羊口中。

5.2.5 断奶 3 天后，可将奶瓶固定在羊舍栏架上，离地高度 0.6～0.8 m，训练羔羊自主采食。

5.2.6 断奶 5 天后，可在每天饲喂代乳粉后补饲羔羊开食料，开食料推荐配方见资料性附录 B.3，营养需要参照 NY/T 816 的标准执行。

5.2.7 断奶 25～30 天期间，将羔羊开食料更换成羔羊育肥颗粒料，同时根据羔羊的精神状态和健康情况，在第 30 天停喂代乳粉，羔羊可进入育肥阶段。

5.2.8 羔羊断奶期日常管理参照 DB43/T 1527 的规定执行，免疫程序参照 DB43/T 1196 的规定执行。

6 档案管理

参照 DB43/T 634 的规定建立养殖档案，并保存 3 年以上。

资料性附录 B.1

代乳粉推荐配方及营养成分

原料名称	比例/%
奶粉	15～20
小麦蛋白粉	8～20
全脂大豆粉	25～35
乳清粉	15～20
葡萄糖	7～12
矿物质预混料	3.5～4
营养指标	
干物质	≥94
粗蛋白	≥27
粗脂肪	≥18
钙	0.6～1.5
磷	0.5～1.2
消化能/(MJ/kg)	≥14.04

资料性附录 B.2

代乳粉参考用量

断奶时间/天	饲喂次数/次	代乳粉参考用量/(g/只)	代乳液/(mL/只)
1～10	3	40～60	240～420
11～20	2	60～70	360～490
21～30	2	70～100	420～700

资料性附录 B.3

开食料推荐配方及营养成分

原料名称	比例/%
苜蓿草粉	14～20
玉米	45～53
小麦麸	2～5
大豆粕	10～15
乳清粉	1～2
发酵豆粕	10～13
膨化大豆	2～5
石粉	0.5～1
预混料	1～3
食盐	0.3～0.5
营养指标	
干物质	≥90
粗蛋白质	≥15
粗脂肪	≥3
粗纤维	4～6
钙	0.5～1.2
磷	0.2～0.8
消化能/(MJ/kg)	≥12.45

附录 C
湘东黑山羊种羊选育技术规范

（DB43/T 2410—2022）

前　言

本文件按照 GB/T 1.1—2020《标准化工作导则　第 1 部分：标准化文件的结构和起草规则》的规定起草。

请注意本文件的某些内容可能涉及专利。本文件的发布机构不承担识别专利的责任。

本文件由湖南省农业农村厅提出。

本文件由湖南省农业标准化技术委员会归口。

本文件起草单位：浏阳市农业发展事务中心、湖南省畜牧兽医研究所、浏阳市动物疫病预防控制中心、浏阳市浏安农业科技综合开发有限公司、安化县梅城镇农业综合服务中心、宁乡市动植物疫病预防控制中心。

本文件主要起草人：李安定、李昊帮、江为民、伍国强、宋武、赵晓、陈莎、张佰忠、张祖标、王承义、孙鏖、赵琴、吴光荣、张莉、浣成、陈文、胡伟、陶楚男、王晓娟、罗璋、焦三忠、郭佑勋、罗专、周元中。

湘东黑山羊种羊选育技术规范

1　范围

本文件规定了湘东黑山羊种羊选育的基础群组建、种羊选择、种羊选配、种羊培育、等级综合评定、免疫防疫、档案管理等内容。

本文件适用于湘东黑山羊种羊的选择和培育。

2　规范性引用文件

下列文件中的内容通过文中的规范性引用而构成本文件必不可少的条款。其中，注日期的引用文件，仅该日期对应的版本适用于本文件；不注日期的引用文件，其最新版本（包括所有的修改单）适用于本文件。

GB/T 40184　畜禽基因组选择育种技术规程

NY 810　湘东黑山羊

NY/T 1872　种羊遗传评估技术规范

NY/T 3453　家畜遗传资源保种场保种技术规范　第4部分：绵羊、山羊

DB43/T 634　畜禽水产养殖档案记录规范

DB43/T 1196　规模山羊场免疫技术规程

DB43/T 1518　肉用种山羊性能测定技术规程

DB43/T 1527　湘东黑山羊饲养管理技术规范

DB43/T 1528　山羊寄生虫病防制技术规程

DB43/T 1764　湘东黑山羊繁育技术规程

DB43/T 2221　湘东黑山羊羔羊早期断奶技术规程

3　术语和定义

本文件没有需要界定的术语和定义。

4 基础群组建

4.1 基础群个体品种特征特性应符合 NY 810 的规定。

4.2 保种场种母羊为二级及以上，种公羊为特级和一级，家系数量要求应符合 NY/T 3453 的规定；保种户（点）基础群二级及以上的种母羊 50 只以上，三代之内无亲缘关系特级和一级的种公羊 2 只以上。

5 种羊选择

5.1 种羊选留

种羊选留包括初生羔羊、6 月龄羔羊、周岁种羊、初配后的选择，辅以基因型选择、后裔测定与遗传评估，评定合格的留用，不合格的淘汰。

5.2 初生羔羊的选择

对一级以上母羊所产公羔、二级以上母羊所产母羔，选择体质结实、结构匀称、品种特征明显，并且公羔初生重不低于 1.8 kg、母羔不低于 1.5 kg 的羔羊进行登记，佩戴耳标，不合格的淘汰。

5.3 6 月龄羔羊的选择

对选留的羔羊进行第 2 次选择，主要对体型外貌特征和体重体尺进行评定，公羊符合一级及以上和母羊符合二级及以上的留用，不合格的淘汰。

5.4 周岁种羊的选择

5.4.1 对选留的后备种羊进行第 3 次选择，公羊符合一级及以上和母羊符合二级及以上的留用，不合格的淘汰。

5.4.2 公羊检查生殖器、射精量和精液质量，母羊检查乳房和生殖道发育是否良好，符合条件的留用，不合格的淘汰。

5.5 初配后的选择

对后备种公羊、母羊在初配后进行第 4 次选择，主要检查种公羊配种能力、精液品质等，母羊产羔数、护仔能力、奶水情况等。经评定合格的留用，不合格的淘汰。

5.6 基因型选择

有条件的种羊场，可开展基因型测定辅助选择，按照GB/T 40184 的规定执行。

5.7 后裔测定与遗传评估

按照 NY/T 1872 的规定开展种公羊后裔测定，对种羊经济性状遗传程度进行评估选择。

5.8 种羊淘汰

5.8.1 按照 DB43/T 1518 的规定进行种公羊繁殖性能测定，对精液质量（射精量、精子活力、精子密度、精子畸形率）不合格的，以及对 6 岁以上和评定等级不合格的公羊及时淘汰。

5.8.2 对连续流产、产死胎 2 次以上，或者连续 2 年不产羔、6 岁以上和评定等级不合格的母羊及时淘汰。

5.8.3 对 6 岁以上的种公羊和母羊，以生产性能和繁殖性能要求为准，视具体情况可适当放宽淘汰年龄。

6 种羊选配

6.1 按照避免近亲、同质选配、公羊等级高于母羊，均衡各家系配种数量的原则进行种羊选配。

6.2 保种场的选配方式应符合 NY/T 3453 的规定；保种户（点）宜按照 DB43/T 1764 的规定执行。

7 种羊培育

7.1 羔羊的培育

7.1.1 羔羊在产后 30 min 内吃到初乳。合理安排哺乳时间，保证羔羊吃到充足的母乳。

7.1.2 羔羊出生后 7～14 日龄，对其进行诱食优质青干草或羔羊料。

7.1.3　羔羊14日龄后用羔羊料进行早期补饲，补饲量按羔羊体重逐渐增加，补饲方法为少喂勤添，定时、定量、定点，保证食槽和饮水清洁卫生；自然哺乳70日龄，断奶重不低于10 kg。

7.1.4　羔羊早期断奶应符合DB43/T 2221的规定。

7.2　后备种羊的培育

7.2.1　实行公母分类、大小分群方法饲养。

7.2.2　日常饲养管理应符合DB43/T 1527的规定。

7.3　公羊管理

7.3.1　常年保持中上等膘情，健壮、活泼、精力充沛、性欲旺盛，精液品质优良。

7.3.2　专人负责管理，单独组群或放牧；经常观察采食、饮水、运动及粪尿的排泄等情况，保持饲料、饮水、环境的清洁卫生；注意配种频率。

7.4　种羊保健

饲养管理和繁育等日常保健应符合DB43/T 1527和DB43/T 1764的规定。

8　等级综合评定

8.1　评定时间和要求

8.1.1　全年进行等级评定，评定时间分为6月龄、周岁和成年羊3次。

8.1.2　凡体型外貌特征不符合NY 810规定的，或有明显凹背、凹腰、弓背、弓腰，或单睾、隐睾、睾丸发育不全的公羊，以及阴户和乳房发育不全的母羊，综合评定为公羊二级以下、母羊三级以下。

8.2　评定内容和方法

8.2.1　体型外貌评定。按照资料性附录C.1.1方法进行评定等级。

8.2.2　体重体尺测定。按照 NY 810 的规定评定体重和体尺（体高、体长、胸围）等级。

8.2.3　繁殖性能测定。初产母羊胎产 2 羔以上者为特级和一级，产 1 羔者为二级和三级。经产母羊按产羔数最高的胎次定级，产 3 羔及以上者为特级，产 2 羔者为一级和二级，产 1 羔者为三级。初产和经产 2 羔的母羊，有弱羔的按低等级评定。

8.3　综合评定

8.3.1　按照体型外貌、体重体尺和繁殖性能的单项评定等级综合评定出总评等级，见资料性附录 C.1.2。

8.3.2　经评定选留的种羊，应按 DB43/T 1764 的要求进行登记。

9　免疫防疫

9.1　种羊的免疫应符合 DB43/T 1196 的规定。

9.2　寄生虫病防制应符合 DB43/T 1528 的规定。

10　档案管理

10.1　养殖档案记录应符合 DB43/T 634 的规定。

10.2　种羊标识和养殖档案管理按《畜禽标识和养殖档案管理办法》执行。

资料性附录 C.1

湘东黑山羊种羊鉴定

1　体型外貌评定

体型外貌评定方法见表C.1.1。

表C.1.1　体型外貌评定表

部位	鉴　定　要　求	评分	
		公羊	母羊
整体结构	体质结实，结构匀称，体躯发育良好。被毛全黑有光泽，皮肤呈青缎色。	25	25
头颈部	头小而清秀，眼大有神，额面微突起，鼻梁稍隆，颈细长。耳小斜立。公、母羊均有角，角呈扁三角锥形。公羊角向后两侧伸展，呈镰刀状。母羊角短小，向上、向外斜伸，呈倒“八”字形。	25	25
体躯部	胸部较窄，后躯较前躯发达。公羊鬐甲部稍高于十字部，背腰平直，雄性特征明显。母羊鬐甲部低于十字部，腰部稍凹陷。四肢端正，蹄质坚实。尾短上翘。	25	25
生殖器官	母羊乳房发育良好，乳头大小适中。公羊睾丸对称，发育良好，附睾明显。	25	25
合计	—	100	100
分级	特级100～90，一级89～80，二级79～70，三级69～60。		

2　综合等级评定

综合等级评定方法见表C.1.2。

表 C.1.2　综合等级评定表

体型外貌	单项评定等级	特	特	特	特	特	特	特	特	特	特	一	一	一	一	一	一	二	二	二	三
体重体尺		特	特	特	特	一	一	一	二	二	三	一	一	一	二	二	三	二	二	三	三
繁殖性能		特	一	二	三	一	二	三	二	三	三	一	二	三	二	三	三	二	三	三	三
总评等级		特	特	一	二	一	一	二	二	二	三	一	一	二	二	二	三	二	二	三	三

附录 D
湘东黑山羊养殖场小反刍兽疫净化技术规范

（DB43/T 2411—2022）

前 言

本文件按照 GB/T 1.1—2020《标准化工作导则　第 1 部分：标准化文件的结构和起草规则》的规定起草。

请注意本文件的某些内容可能涉及专利。本文件的发布机构不承担识别专利的责任。

本文件由湖南省农业农村厅提出。

本文件由湖南省农业标准化技术委员会归口。

本文件起草单位：浏阳市动物疫病预防控制中心、湖南省畜牧兽医研究所、浏阳市农业发展事务中心、浏阳市浏安农业科技综合开发有限公司、平江县动物疫病预防控制中心、宁乡市动植物疫病预防控制中心。

本文件主要起草人：赵琴、李昊帮、伍国强、李安定、江为民、聂厚湘、李敏、席旭晴、陈珍、陈帮斌、何芳、任杰、张建超、王承义、赵晓、江新明、罗专、周元中。

湘东黑山羊养殖场小反刍兽疫净化技术规范

1 范围

本文件规定了湘东黑山羊养殖场小反刍兽疫防疫准则、防疫管理、净化措施、净化标准、净化维持、档案管理等技术要求。

本文件适用于湘东黑山羊养殖场小反刍兽疫净化。

2 规范性引用文件

下列文件中的内容通过文中的规范性引用而构成本文件必不可少的条款。其中，注日期的引用文件，仅该日期对应的版本适用于本文件；不注日期的引用文件，其最新版本（包括所有的修改单）适用于本文件。

GB/T 27982 小反刍兽疫诊断技术

NY/T 1952 动物免疫接种技术规范

DB43/T 634 畜禽水产养殖档案记录规范

DB43/T 1068 规模山羊场建设规范

DB43/T 1196 规模山羊场免疫技术规程

DB43/T 1527 湘东黑山羊饲养管理技术规范

3 术语和定义

下列术语和定义适用于本文件。

3.1 小反刍兽疫

由副黏病毒科麻疹病毒属小反刍兽疫病毒引起的，以发热、口炎、腹泻、肺炎为特征的急性接触性传染病。

3.2 动物疫病净化

有计划地在特定区域或场所对特定动物疫病，通过免疫、监测、检疫、隔离、消毒、淘汰、扑杀、无害化处理等一系列技术和管理措施，消灭和清除病原，最终达到并维持在该范围内动物个体不发病和无感染状态的过程。

4 防疫准则

坚持“预防为主”的方针，根据小反刍兽疫流行特征，通过对建场、饲养、消毒、调运管理和疫病监测等环节采取综合防疫措施，控制湘东黑山羊养殖场小反刍兽疫的发生和危害。

5 防疫管理

5.1 建场

应符合 DB43/T 1068 的规定。

5.2 饲养

应符合 DB43/T 1527 的规定。

5.3 消毒

5.3.1 养殖场区出入口应设置消毒池和消毒间，配备人员消毒设施和覆盖全车的车辆消毒设施。进出场人员和车辆应有专人负责实时消毒。

5.3.2 羊只和羊舍内所有用具每周应全面消毒一次。消毒药剂按使用说明书的规定使用，并定期更换种类。

5.4 调运

5.4.1 种羊调运

5.4.1.1 按照《反刍动物产地检疫规程》和《跨省调运乳用种用动物产地检疫规程》的要求申报检疫，调运前对种羊逐头逐批进行检测，确定实验室检测结果为阴性后才准许引进。

5.4.1.2 调入后 24 h 内向当地动物卫生监督机构报告，在隔离区域隔离观察 45 天，期间应进行 1 次实验室检测，结果为阴性且确认健康才准许合群饲养。

5.4.2 商品羊调运

5.4.2.1 商品羊调运应符合下列条件：

a）免疫超过 21 天，并在有效免疫保护期内；

b）所在羊群近 21 天内未引进活羊；

c）按照《反刍动物产地检疫规程》进行实验室检测；

d）具有调运产地检疫合格证明。

5.4.2.2 调入后 24 h 内向当地动物卫生监督机构报告，在隔离区域隔离观察 45 天，期间应进行 1 次实验室检测，结果为阴性且确认健康才准许合群饲养。

5.4.2.3 不应从小反刍兽疫发生的风险地区调入小反刍兽疫病毒的易感动物。

6 净化措施

6.1 免疫

6.1.1 疫苗选择

选择有农业农村部批准文号的小反刍兽疫活疫苗。

6.1.2 免疫程序

按照 DB43/T 1196 的规定执行。

6.1.3 免疫操作

按照 NY/T 1952 的规定执行。

6.2 监测

6.2.1 常规监测

6.2.1.1 病原学检测。存栏 50 头以下，按照 100％比例抽检；存栏 50 头以上，按照证明无疫公式计算（CL＝95％，P＝3％），随机抽样，覆盖不同羊群。

6.2.1.2 血清学检测。存栏 50 头以下，按照 100％比例抽检；存栏 50 头以上，按照预估期望值公式计算（CL＝95％，P＝90％，e＝10％），随机抽样，覆盖不同羊群。

6.2.2 引种监测

6.2.2.1 外引羊只在引入场内前 30 天进行 1 次实验室检

测，检测结果为阴性才准许引入。

6.2.2.2　羊只引入后，应在隔离区域隔离观察45天以上。经实验室检测合格，合群饲养后，才准许转为常规监测。

6.3　实验室检测

血清学和病原学检测应符合GB/T 27982的规定。

6.4　阳性处理

检测出小反刍兽疫病原阳性，按照《小反刍兽疫防治技术规范》的规定进行处置。

7　净化标准

7.1　羊场连续24个月小反刍兽疫病毒检测为阴性。

7.2　未监测到小反刍兽疫病毒感染的临床病例。

7.3　小反刍兽疫病毒免疫抗体阳性率90％以上。

8　净化维持

8.1　达到小反刍兽疫净化标准（见7.1～7.3）的养殖场宜按照6.2.1每半年开展一次常规监测。

8.2　常规监测如出现异常情况应按照6.4进行处置，并重新按6.1、6.2和6.3对羊群开展净化。

9　档案管理

9.1　应按照DB43/T 634的规定对湘东黑山羊养殖场的免疫、消毒、调运、无害化处理等进行记录。

9.2　档案保存按照《畜禽标识和养殖档案管理办法》执行。

附录 E
湘西黄牛疫病防治技术规程

（DB43/T 2176—2021）

前　言

本文件按照 GB/T 1.1—2020《标准化工作导则　第 1 部分：标准化文件的结构和起草规则》的规定起草。

请注意本文件的某些内容可能涉及专利。本文件的发布机构不承担识别专利的责任。

本文件由湖南省农业农村厅提出。

本文件由湖南省农业标准化技术委员会归口。

本文件起草单位：湖南省畜牧兽医研究所、湖南省动物疫病预防控制中心、湖南德农牧业集团有限公司、花垣德惠肉牛养殖合作社、湖南光大牧业科技有限公司。

本文件主要起草人：李剑波、易康乐、王昌建、龙亮、龙云、李昊帮、孙鏖、罗阳、李晟、何芳、浣成、伍佰鑫、刘海林、张翠永、雷虹、杜送德、李琼、朱晓雄、向双庚、胡曙光。

湘西黄牛疫病防治技术规程

1　范围

本文件规定了湘西黄牛疫病防治技术的术语和定义、防治总则、传染病防治、寄生虫病防治、档案记录等要求。

本文件适用于湖南省湘西黄牛的疫病防治。

2　规范性引用文件

下列文件中的内容通过文中的规范性引用而构成本文件必不可少的条款。其中，注日期的引用文件，仅该日期对应的版本适用于本文件；不注日期的引用文件，其最新版本（包括所有的修改单）适用于本文件。

GB/T 16548　病害动物和病害动物产品生物安全处理规程

NY/T 5030　无公害农产品　兽药使用准则

《高致病性禽流感等14个动物疫病防治技术规范》（农医发〔2007〕12号）

《中华人民共和国动物防疫法》

3　术语和定义

下列术语和定义适用于本文件。

3.1　湘西黄牛

哺乳纲、偶蹄目、牛科、牛属、黄牛种，主要分布在湖南省湘西州、张家界、怀化等地区。

3.2　动物疫病

主要指生物性病原引起的动物群发性疾病，包括动物传染病、寄生虫病。

4　防治总则

4.1　对本地区湘西黄牛主要传染病和寄生虫病要进行统一

防治，防治密度达到100%。

4.2 应根据本地湘西黄牛传染病和寄生虫病的流行情况，选择和使用疫苗及抗寄生虫药物。

4.3 首次使用一种疫苗或一种抗寄生虫药物，要先进行小批量试验，确定安全有效后，方能进行大面积推广使用。

4.4 对怀疑发生湘西黄牛主要疫病时，要按《中华人民共和国动物防疫法》规定，对疫区进行隔离、封锁、消毒；对疫区和受威胁区内的健康湘西黄牛进行紧急预防性接种免疫。

4.5 解除封锁的时间为：最后一头病牛处理或治愈后21天内不再出现新病例。

4.6 对本地区发生和流行过的传染病、寄生虫病，要进行监测，一旦复发，应恢复对该病的防疫。

4.7 加强对带虫的病牛内脏、头的管理，应按GB/T 16548的有关规定进行无害化处理。

4.8 应根据本地传染病和寄生虫病流行情况，制定年度疫病防治计划，动物防疫监督机构要参与疫病防治程序的制定、实施和督查。

4.9 对进、出牛场的湘西黄牛，按《中华人民共和国动物防疫法》的有关规定进行产地检疫、运输检疫、进出口检疫、市场检疫、屠宰检疫，对所有湘西黄牛实行免疫标识制度。

4.10 消毒要求

4.10.1 应根据生产需要采用各种消毒方法在生产区和牛群中进行消毒。

4.10.2 湘西黄牛群中个别发生一般性疫病或豁然死亡时，立即对其圈舍进行局部消毒。包括对发病或死亡牛的消毒及无害化处理。

4.10.3 采用多种消毒方法对全场进行全方位的彻底清理

与消毒。传染病初期以及疫病平息后准备解除封锁前均应进行彻底消毒。

5　传染病防治

5.1　口蹄疫

按《高致病性禽流感等 14 个动物疫病防治技术规范》（农医发〔2007〕12 号）口蹄疫防治技术规范规定的要求执行。

5.2　炭疽病

按《高致病性禽流感等 14 个动物疫病防治技术规范》（农医发〔2007〕12 号）炭疽防治技术规范规定的要求执行。

5.3　布鲁氏菌病

5.3.1　对除乳牛和种牛外的其他牛群进行免疫，对已免疫家畜实施耳标佩戴，同时做好免疫档案。防止免疫畜交易串换而干扰未免疫地区布鲁氏菌病的血清学监测。

5.3.2　根据近几年临床疫情发生情况和血清学监测阳性率情况，确定本地区是否为未控制区、控制区、稳定控制区或净化区（未控制区：临床有布鲁氏菌病疫情发生或血清学监测阳性率>0.5%或实施免疫的地区；控制区：连续 2 年无临床病例，且血清学监测阳性率≤0.5%的地区；稳定控制区：连续 2 年无临床病例，且血清学监测阳性率≤0.1%的地区；净化区：连续 2 年无临床病例，且血清学抽检全部为阴性的地区）。

5.3.3　未控制区和控制区实行免疫、监测和扑杀相结合的综合防治措施，稳定控制区和净化区以监测净化为主，同时加强对流通牛只的检疫监管，逐步实现从未控制区→控制区→稳定控制区→净化区过渡。

5.4　结核病

5.4.1　结核病净化场种公牛全群监测，每半年 1 次。引进牛在引进前 30 天和混群前分别监测 1 次，混群后纳入种公牛监测范畴。初生犊牛于20日龄进行第1次监测，以后每半年监测1次。

5.4.2 牛结核病污染场每两月监测1次，连续3次。

5.4.3 发现疑似病牛，应当及时向当地兽医主管部门、动物卫生监督部门或动物疫病预防控制机构报告。

5.4.4 阳性牛全部扑杀并无害化处理，并限制全群牛群移动，同时对受威胁的牛实施隔离，立即采取1次临时的全面消毒。

5.5 巴氏杆菌病

5.5.1 加强饲养管理，搞好生物安全措施，消除或降低不良因素影响，给予牛营养全面的饲料，并注意补充维生素和微量元素，以增强其抵抗力。

5.5.2 坚持自繁自养，不从疫区引牛。新引进的牛须隔离观察30天以上，经检疫确认健康后方可饲养。

5.5.3 牛每年定期注射牛出败菌苗。

5.5.4 饲养密度不宜过大，注意防寒保暖和勤扫圈舍，注意通风换气，防止穿堂风和贼风。做好圈舍、饲具、环境的消毒工作，消毒应经常化、制度化。发现病牛立即隔离治疗，牛舍、场地、用具进行彻底消毒。

5.5.5 临床治疗可采取：青霉素5万～10万IU/kg BW，链霉素2～4万IU/kg BW，混合肌注，3次/天，连用5天。头孢噻肟钠60～110 mg/kg BW肌注，2～3次/天，也可用卡那霉素，3万IU/kg BW肌注，3次/天，6天为一个疗程。

5.6 牛流行热

5.6.1 发生疫情后及时隔离病牛，并进行严格的封锁和消毒，消灭蚊蝇等吸血昆虫，以控制该病的流行并及时预防接种牛流行热疫苗。

5.6.2　治疗一般用解热止痛药，对重症病牛可用抗生素防止继发细菌感染，对有脱水的病牛应适当给予强心、补液。

5.7　牛结节性皮肤病

疫情确诊后，应立即扑杀所有发病牛，对扑杀和病死牛进行无害化处理，做好同群牛监视，对养殖场环境进行彻底清洗、消毒，杀死蚊蝇等昆虫媒介。患牛可采用国家批准的山羊痘疫苗（按山羊 5 倍剂量）进行紧急免疫。

6　寄生虫病防治

6.1　药物选择

6.1.1　应选择使用兽药主管部门批准公布的抗寄生虫药物，按 NY/T 5030 的规定执行。

6.1.2　药物选用原则为高效、广谱、低毒、价廉、使用方便的驱虫药。

6.1.3　针对不同抗寄生虫药物的特点，采取轮换用药或联合用药。

6.1.4　当有多种寄生虫混合感染，需要几种驱虫药联合使用时，注意药物之间的配伍禁忌。

6.2　预防性驱虫

6.2.1　驱虫前应先进行小群试验，确认安全后大群驱虫。

6.2.2　驱虫牛应在清晨空腹投药，药淋牛应在中午饮足水后进行。

6.2.3　新引进牛经检疫合格入场，饲养 1 周后驱虫。

6.2.4　放牧牛每年不低于 3 次驱虫，分别在：a）4—5 月由舍饲转为放牧前进行；b）7—8 月开始放牧 3 个月后进行；c）10—11 月秋冬季由放牧转为舍饲前进行。

6.2.5　舍饲牛每年不低于 2 次全群驱虫，春、秋各 1 次。

6.3　治疗性驱虫

6.3.1 发现病牛应及时隔离，针对不同寄生虫病，选用有针对性的、特异的抗寄生虫药物进行治疗。

6.3.2 对病牛进行治疗的同时，同群牛进行预防性驱虫。

6.3.3 对牛体内、外寄生虫治疗的同时，应对环境进行杀虫。

6.3.4 驱虫中出现异常情况，应对症治疗。

7 档案管理

建立并保存湘西黄牛的主要疫病防治档案，免疫、驱虫档案。湘西黄牛免疫档案见资料性附录 E.1，湘西黄牛驱虫档案见资料性附录 E.2。所有档案记录应保存 2 年以上。

资料性附录 E.1

湘西黄牛免疫档案记录表

表 E.1.1　湘西黄牛免疫档案记录表

县（区）____乡（镇）____村____组　免疫接种时间____年____月____日

户主	养殖数量	免疫数量	疫苗名称	生产厂家	生产批号	免疫剂量	免疫人员	备注

资料性附录 E. 2

湘西黄牛驱虫档案记录表

表 E. 2. 1 湘西黄牛驱虫档案记录表

县（区）________乡（镇）____村____组　　　　　　畜主姓名________

驱虫时间	耳标号	驱虫药物	生产厂家	生产批号	有效期	驱虫方法	备注

附录 F
湘东黑山羊冷冻精液生产技术规程

（DB43/T 2474—2022）

前　言

本文件按照 GB/T 1.1—2020《标准化工作导则　第 1 部分：标准化文件的结构和起草规则》的规定起草。

请注意本文件的某些内容可能涉及专利。本文件的发布机构不承担识别专利的责任。

本文件由湖南省农业农村厅提出。

本文件由湖南省农业标准化技术委员会归口。

本文件起草单位：湖南省光大牧业科技有限公司、湖南省畜牧兽医研究所、浏阳市农业发展事务中心、长沙市动植物疫病预防控制中心、湘阴县畜牧水产服务中心、长沙学院。

本文件主要起草人：段洪峰、刘海林、张佰忠、朱立军、张翠永、李昊帮、罗璋、李安定、刘东翔、朱建军、樊志坚、冯小花、刘伯承、奉佳、薛爽、陈新娟、赵晓、向静。

湘东黑山羊冷冻精液生产技术规程

1　范围

本文件规定了湘东黑山羊冷冻精液生产的基本要求，采精，精液处理，精液冷冻，冻精活力检查，包装、标签、贮存和运输，记录。

本文件适用于湘东黑山羊冷冻精液生产。

2　规范性引用文件

下列文件中的内容通过文中的规范性引用而构成本文件必不可少的条款。其中，注日期的引用文件，仅该日期对应的版本适用于本文件；不注日期的引用文件，其最新版本（包括所有的修改单）适用于本文件。

GB 20557　山羊冷冻精液

GB/T 30396　牛冷冻精液包装、标识、贮存和运输

NY/T 810　湘东黑山羊

NY/T 1234　牛冷冻精液生产技术规程

NY/T 3186　羊冷冻精液生产技术规程

DB43/T 2410　湘东黑山羊种羊选育技术规范

3　术语和定义

NY/T 3186 界定的术语和定义适用于本文件。

4　基本要求

4.1　种公羊

品种特征特性应符合 NY/T 810 的规定，体质健康，无传染病和规定疫病，三代以上系谱完善，等级综合评定为特级或者一级，等级综合评定方法按 DB43/T 2410 规定执行。

4.2　仪器设备

见资料性附录 F.1。

4.3　器具

器具清洗、消毒、贮存按 NY/T 3186 规定执行。

4.4　稀释液

使用商品化的山羊专用稀释液。

5　采精

5.1　环境

采精场所应环境安静，清洁卫生，地面平坦防滑，有护栏等安全设施。

5.2　采精前准备

5.2.1　器具

集精管、假阴道、漏斗、水浴锅、干燥箱。

5.2.2　采精器润滑剂

将凡士林与液体石蜡 1∶1 混合，用水浴煮沸消毒 10 min 后置于 62 ℃～65 ℃水浴锅内待用。

5.2.3　台羊

台羊应选择健壮、性情温顺、无疫病且性成熟的母羊，体表、外阴、臀部应清洁卫生，并保定于牢固的采精架内。

5.2.4　公羊

种公羊体表应修剪过长的阴毛，体表清洁卫生。包皮需冲洗的，冲洗干净 30 min 后才准许采精。

5.2.5　采精器

将采精器安装好后，注入温水约 130 mL，外壳与内胎容积的 2/3。采精时内胎温度应达到 38 ℃～43 ℃，有一定压力，外口呈三角形。集精杯温度维持在 33 ℃～35 ℃。采精器的消毒和润滑剂的使用应符合 NY/T 3186 的要求。

5.3　采精操作

见资料性附录 F.2。

6 精液处理

6.1 准备

接触精液的器皿均应放在 34 ℃恒温箱中，稀释液放在 34 ℃恒温水浴箱中备用。稀释精液的稀释瓶应做明显标记。

6.2 外观检查

检查精液的色泽、气味及是否有脓性分泌物或血液等异物。正常情况下，精液为乳白色或微黄，略有腥味。

6.3 采精量测定

直接读取集精管上刻度（精确到 0.1 mL），记录采精量。

6.4 精子密度测定

使用精子密度测定仪进行测定，应符合 GB 20557 的规定。

6.5 精子活力测定

取精液和稀释液 5～10 μL 于载玻片上，加盖盖玻片后在 37 ℃恒温装置的相差显微镜上评定活力，用百分率表示。应符合 GB 20557 的规定。

6.6 精液评价及处理

外观正常、密度≥6×10^{8}个/mL、活力≥65％、畸形率≤15％的精液用于冻精生产。

6.7 稀释、平衡、灌装

应符合 NY/T 1234 的规定。

6.8 标识

细管冷冻精液标识方法见资料性附录 F.3。

7 精液冷冻

7.1 上架

灌装、封口、标识后的细管上架码放时，应注意细管摆放的方向，棉塞封口端靠近操作者，超声波封口端远离操作者。

放入程控冷冻仪时亦应如此放置。用区分棒做好不同羊号细管间的识别。

7.2　冷冻

采用程控冷冻仪冷冻精液，程控冷冻仪与低温平衡柜应尽量靠近，设置好冷冻程序，4 ℃下降至－10 ℃用时 180s，－10 ℃降至－100 ℃用时 150s，－100 ℃降至－140 ℃用时 120s，应按照程控冷冻仪的操作程序进行冷冻。

7.3　收集

冷冻完成后，打开程控冷冻仪盖子，把细管的棉塞封口端朝下，快速将冻精收集到贮精管内，每管收集 25 支，按种公羊号投入盛满液氮的不同提筒中，并迅速浸泡在液氮中。

8　冻精活力检查

参照 NY/T 1234 的方法。每只羊每批次取 1 支冻精迅速浸入 37 ℃～38 ℃水中并晃动 20 s，取出擦干水珠，剪去细管的超声波封口端，用专用推针把精液挤入一小试管内。取解冻精液进行活力检查，操作方法见 6.5。

检查合格的冻精作为初检合格品保存。

9　包装、标签、贮存和运输

9.1　包装和标签

9.1.1　在液氮内将细管分类装入冻精储存管，包装后的细管其棉塞端朝下。包装袋规格应符合 GB/T 30396 的规定。

9.1.2　包装袋标签应标记生产单位、品种、种羊号、数量。

9.2　贮存和运输

应符合 GB/T 30396 的规定。

10　记录

记录内容和格式见资料性附录 F.4。

资料性附录 F.1

湘东黑山羊冷冻精液生产仪器设备

表 F.1.1 湘东黑山羊冷冻精液生产仪器设备

序号	名称	规格和数量	用途
1	移液枪	50 μL，2 把	精液取样
2	磁力搅拌器	2 台	搅拌稀释液
3	水浴锅	2 台	稀释液恒温保存
4	冰箱	冷藏 0 ℃～4 ℃，冷冻−20 ℃，1 台	试剂的保存
5	干燥箱	80 ℃～120 ℃，1 台	使用器械的干燥及消毒
6	液氮罐	容量 30 L，口径 150 mm 容量 10 L，口径 50 mm	冷冻精液的保存及转移
7	自动喷码机	1 台	喷印细管冻精的编码信息
8	自动程序冷冻仪	1 台	冷冻分装好的细管精液
9	大型平衡柜	20 L～30 L，1 台	稀释好的精液低温平衡
10	光学相差显微镜	1 台	检测精液的活力及密度等
11	自动灌装机	1 台	罐装细管精液

续表

序号	名称	规格和数量	用途
12	自控蒸馏水仪	1台	在冷冻精液制备中提供稳定可靠的蒸馏水
13	智能精液分析系统	1台	精子密度的检测分析

资料性附录 F. 2

羊采精操作技术

1　准备

公羊靠近台羊时，应采取控制措施，不让公羊立即爬跨，使其充分排泄副性腺后进行 2～3 次空爬，等待 3～5 min 后采精，空爬时不让阴茎触及台羊。性欲不强的公羊采取观摩、引诱、被爬跨和更换台羊、地点等措施引导采精。

2　采精方法

采精员手持采精器站在公羊侧后方，当公羊阴茎伸出爬跨时，迅速向前托着公羊包皮，采精器口斜向下方，双手配合将阴茎引入采精器口内，公羊往前一冲完成射精。采精器紧随公羊阴茎移动，当阴茎缩回后立即将采精器口斜向上方，打开活塞，取下集精管，迅速送至精液处理室。安装好的采精器只能使用一次，不应重复使用。

3　采精量

公羊一般 3～4 天采精 1 次，视年龄、身体状况增减次数，每次可连续采精 2 回（间隔时间 30 min 以上），采精充分（集精管内泡沫丰富，精液量大且稠密）的公羊不宜连续采精。

资料性附录 F.3

细管冷冻精液标识方法

1　标记组成

细管冷冻精液标记由四部分组成，排列顺序从棉塞封口端到超声波封口端依次为“产地代号”或“公牛站代号”＋“种公羊品种代号”＋“冻精生产日期”＋“种公羊号”。

2　标记代码

2.1　生产单位代码或用汉语拼音大写首字母表示。

2.2　种公羊品种代码为该品种汉字的汉语拼音大写字母。

2.3　生产日期按年、月、日次序排列，年、月、日各两位数字，年的两位数采用年度的后两位数，月、日不够两位的，分别加“0”补充为两位数。

2.4　各部分之间空 6 个字节以上。

示例：

产地代码　　羊品种代码　　生产日期　　公羊号

注：431 表示产地湖南，XDHSY 表示品种为湘东黑山羊，2021/11/21 表示 2021 年 11 月 21 日生产，03100 表示种公羊号。

资料性附录 F.4

羊精液生产记录表

表 F.4.1 给出了羊精液生产记录的内容和格式。

表 F.4.1 羊精液生产记录表

日期	羊号	第一次采精量/mL	第二次采精量/mL	总采精量/mL	采精员	精液颜色	精子活力	精子密度/（亿个/mL）	检验员	稀释液量	稀释后活力	平衡温度	冷冻后活力	冷冻数量/支	冷冻操作员	备注

附录 G
桂闽引象草栽培技术规程

（DB43/T 2177—2021）

前　言

本文件按照 GB/T 1.1—2020《标准化工作导则　第 1 部分：标准化文件的结构和起草规则》的规定起草。

请注意本文件的某些内容可能涉及专利。本文件的发布机构不承担识别专利的责任。

本文件由湖南省农业农村厅提出。

本文件由湖南省农业标准化技术委员会归口。

本文件起草单位：湖南省畜牧兽医研究所、湖南生物机电职业技术学院、湖南德农牧业集团有限公司，湖南中闽思齐农牧科技有限公司，湖南阳春农业生物科技有限责任公司，湖南新晃永益牧业有限责任公司。

本文件主要起草人：孙鏖、宋武、易康乐、邓荟芬、李剑波、雷虹、李雄、冯小花、张佰忠、李昊帮、何芳、浣成、罗阳、李晟、江为民、文立华、伍佰鑫、龙云、龙亮、杜送德、阳新国。

桂闽引象草栽培技术规程

1　范围

本文件规定了桂闽引象草的栽培前准备、栽培、田间管理和档案管理等技术。

本文件适用于湖南省桂闽引象草的生产。

2　规范性引用文件

下列文件中的内容通过文中的规范性引用而构成本文件必不可少的条款。其中，注日期的引用文件，仅该日期对应的版本适用于本文件；不注日期的引用文件，其最新版本（包括所有的修改单）适用于本文件。

DB43/T 719　渔用桂牧1号杂交象草栽培管理技术规程

DB43/T 876　高标准农田建设

3　术语和定义

下列术语和定义适用于本文件。

3.1　桂闽引象草

桂闽引象草（P. *purpureum Schum*. *cv*. Gui Min Yin）俗称台湾甜象草、甜象草（以下简称象草）。2010年登记为国家牧草品种，是热带和亚热带地区广泛栽培的一种新型高蛋白高产牧草。

3.2　扦插种苗原种

用育种家种源或采用扦插苗再繁殖种源，经种茎扦插后确认不带病且形态特征一致的原始植株群体。

4　栽培前准备

4.1　种植地选择

选择土壤肥沃、排灌溉良好、无污染的沙壤或红黄壤地块建植。

4.2　整地

在移植前对土壤表面进行深度清除杂草，开好排水沟。每亩施土杂肥（火土灰与猪牛粪混拌）1500～3000 kg或氮磷钾复合肥50～100 kg做基肥，施基肥后建植地深翻30～40 cm。详细参见DB43/T 876《高标准农田建设》要求。

5　栽培

5.1　插穗处理

5.1.1　选择没有病虫危害、新鲜健壮的留种用茎秆。

5.1.2　按1～2节为一段切断茎秆，切口为斜面，腋芽分向两侧。

5.1.3　常温下用清洁流动水浸种1～2天或用1%石灰水浸种12～24 h。

5.1.4　浸种后的种茎，用50%多菌灵或托布津可湿粉剂1∶1000稀释后消毒3～5 min。

5.2　育苗

5.2.1　选择地势略高，四周无积水，避风向阳，土壤肥沃疏松的地点作苗床。细整平土，黏性较重的土壤掺少量细河沙翻耕、拌匀，疏松土壤。

5.2.2　育苗过程

5.2.2.1　每年2—4月开始进行砍种，集中将经处理的种茎在塑料棚内集中育苗。

5.2.2.2　采用扦插法进行集中育苗。扦插行距40 cm，株距40 cm，叶芽朝上，覆盖细砂土或泥土1～2 cm，再覆盖火土灰、干猪牛粪，厚度不超过2 cm。

5.2.2.3　用喷壶浇透苗床，使整个育苗期间保持湿润。

5.2.3　育苗期管理

注意控制育苗棚内温湿度，当有 60%～80%种茎出苗后，晴天要在上午 9～10 时至下午 4～5 时，揭开两端薄膜通风透气。如果膜内温度超过 35 ℃，可在草帘上喷水降温，若植株已生根可适当揭膜降温。遇到阴雨天气，全天不需盖草帘。

5.2.4 炼苗管理

种茎扦插至育苗床 30～40 天，80%～90%种茎已经生根发芽，即可开始炼苗。

种苗移栽前 7～10 天，采用日夜揭膜炼苗，适宜外界气温条件，并进行浇水施肥，施肥以氮肥为主，当种苗长至 15～20 cm 高或 5～7 片叶子时，选阴天移入大田，浇适量的定根水。

5.3 移植

5.3.1 象草一般为春播，每年的 4 月中下旬即可开始移栽，最晚不超过 6 月中旬。

5.3.2 移栽定植：开穴，行株距为 60～70 cm，穴深为 30～35 cm，选用长势健壮良好种苗 1～2 株移栽穴内，并覆土，浇定蔸水。留作种茎地块行株距为 80～100 cm。选用长势健壮良好种苗 1～2 株移栽穴内，并覆土，浇定蔸水。

5.3.3 种茎直接插植：若无种苗的，将斩好的经处理的种茎直接放入穴内，每穴 3 段成三角放在穴内，然后盖土 3～4 cm，行株距为 60～70 cm，穴深为 30～35 cm；留作种茎地块行株距为 80～100 cm；均需浇水保持湿润 20～30 天。

5.4 大田管理

5.4.1 种植 7～10 天后开始出苗，当苗高 30～40 cm 时，应进行中耕除草；以后每刈割一次，植株尚未封行前都要中耕除草一次。若为当年栽植，一般应深中耕除草 2～3 次，并结合施肥。

5.4.2 育苗床种苗出齐后，每亩用尿素 5～10 kg 兑水追施，加速种苗生长。

移栽定植后，象草每年可以刈割4～6次，一般移栽后40～50天可以进行第一次刈割，每刈青1次追施氮肥1次，每亩每次用尿素10～20 kg。在7—9月高温干旱季节，要保证土壤湿润。通常在土壤含水量低于18%时，应及时灌溉。当雨季时应及时进行排水。

5.4.3 病虫害防治偶见锈斑病、斜纹夜蛾成虫等，但均不构成影响，可不使用农药。

5.5 刈割

5.5.1 刈割时间：移栽后40～50天进行第一次割青，在生长旺季6—10月，每隔25～30天刈割一次。

5.5.2 刈割高度：以自然株高80 cm刈割为宜。第1次刈青留茬高3～5 cm，以后每刈青1次增高1～2 cm。刈割不能用生锈刀具。

5.5.3 割后护理：每次刈割后要铲除杂草，每亩施尿素10～20 kg或施碳铵50～100 kg，或施人、畜粪肥1000～2000 kg。久旱应及时灌水。

5.5.4 及时清园，把刈割后留在地里残余的荒杂草及时清理干净，防治病虫害。

6 越冬管理

6.1 重施肥

冬肥以人畜粪肥、饼肥、土杂肥等有机肥为主，均匀撒施于蔸四周，先施肥后培土，以土压肥。

6.2 厚培土

以砂性土培塘泥或田泥、黏性土培砂泥、培土，厚度约3～5 cm。

7 档案管理

详细记录育苗、播种、刈割、追施肥时间，便于生产管理。

附录 H
鱼鳖池塘混养技术规范
（DB43/T 538—2010）

前 言

本标准由湖南省畜牧水产局提出并归口。

本标准起草单位：长沙学院、湖南省畜牧水产技术推广站、岳阳市畜牧水产局、湘阴县水产技术推广站。

本标准主要起草人：向静、江为民、蔡建军、彭晓明、麦友华。

鱼鳖池塘混养技术规范

1　范围

本标准规定了鱼鳖池塘混养的环境条件、苗种放养、饲养管理、病害防治。

本标准适用于我省池塘以鱼为主，套养中华鳖的健康养殖。

2　规范性引用文件

下列文件对于本文件的应用是必不可少的。凡是注日期的引用文件，仅注日期的版本适用于本文件。凡是不注日期的引用文件，其最新版本（包括所有的修改单）适用于本文件。

GB3838　地表水环境质量标准

GB 11607　渔业水质标准

NY 5051　无公害食品　淡水养殖用水水质

NY/T 5067　无公害食品　中华鳖养殖技术规范

NY 5070　无公害食品　水产品中药物残留限量

NY 5071　无公害食品　渔用药物使用准则

NY 5072　无公害食品　渔用配合饲料安全限量

SC 1003　草鱼出血病组织浆灭活疫苗注射规程

SC/T 1008　池塘常规培育鱼苗鱼种技术规范

SC/T 1010　中华鳖池塘养殖技术规范

SC/T 1016.6　中国池塘养鱼技术规范　长江中上游地区食用鱼饲养技术

SC/T 1047　中华鳖配合饲料

3　环境条件

3.1　池塘

池塘应符合表 H.1 的要求，且周围环境安静，池中设置一个人工小岛或池边设置一个露出水面的沙洲。

表 H. 1　池塘要求

适宜面积/m^2	水深/m	池底要求	淤泥厚度/cm	适宜养殖类型
300～7000	1.5～2.5	壤土或沙壤土	≤20	套养幼鳖或成鳖
7000～20000	2.0～3.0	壤土或沙壤土	≤20	套养成鳖

3.2　水源与水质

应水源充足，无污染，排灌方便。水源水质应符合 GB 11607、GB 3838（Ⅲ）的规定。养殖水质应符合 NY 5051 的规定。池水透明度不低于 25 cm。

3.3　防逃设施

按 SC/T 1010 的规定执行。

4　苗种放养

4.1　放养前准备

按 SC/T 1008 的规定执行。

4.2　苗种质量

4.2.1　鱼种

应体质健壮，检疫检验合格，质量符合 SC/T 1016.6 和 NY 5070 的规定。

4.2.2　稚（幼）鳖

应体质健壮，行动活泼，检疫检验合格，质量符合 NY/T 5067 的规定。

4.3　苗种放养

4.3.1　消毒

4.3.1.1　鱼种

可采取以下方法之一消毒：

a）3％～4％的食盐水浸浴 5～10 min；

b）20 mg/L 的高锰酸钾溶液浸浴 10～20 min；

c）20 mg/L 的聚维酮碘（含有效碘 1%）溶液浸浴 10～15 min。

4.3.2 稚（幼）鳖

可采取以下方法之一消毒：

a）3%～4%的食盐水浸浴 5～10 min；

b）20 mg/L 的高锰酸钾溶液浸浴 10～20 min；

c）20～30 mg/L 的聚维酮碘（含有效碘 1%）溶液浸浴 10～15 min。

d）受伤个体用 40mg/L 的高锰酸钾溶液涂抹患处。

4.3.3 放养时间

鱼种在 2 月底放养完毕，稚鳖于 7 月前放养，幼鳖于 3 月中旬至 5 月放养，温室幼鳖宜 6 月份放养。

4.3.4 苗种规格及放养数量

4.3.4.1 主要养殖品种为草鱼、鲢鱼、鳙鱼、黄颡鱼等。

4.3.4.2 鱼种规格及放养量可参照 SC/T 1016.6 的规定执行。鱼池混养幼鳖，每亩放养经过驯食，规格一致，体重在 5 g 以上的稚鳖 600 只左右；鱼池混养成鳖，每亩放养体重为 100～250 g/只的幼鳖 80～120 只。

5 饲养管理

5.1 投饵

5.1.1 鱼饲料

坚持“四定”投饵（定时、定位、定质、定量），根据天气、水温和鱼的吃食、活动等情况确定增减或停喂饵料。饵料以配合饲料为主，配合饲料应符合 NY 5072 的规定，投饲量按 SC/T 1016.6 的规定执行。

5.1.2 鳖饲料

5.1.2.1　鳖饲料有配合饲料，螺蛳、蚌、新鲜鱼、虾、蚯蚓及加工肉类的副产品等动物性饲料，新鲜南瓜、胡萝卜、青菜、玉米等植物性饲料。配合饲料质量应符合 NY 5072 和 SC/T 1047 的规定。动物性、植物性饲料应新鲜、无污染、无腐败变质。

5.1.2.2　配合饲料的日投饲量（干重）为鳖体重的 1%～2%；鲜活饲料的日投饲量为鳖体重的 5%～10%；投饲量的多少应根据气候状况和鳖的摄食强度进行调整，所投的量应控制在 2 h 内吃完。

5.1.2.3　定时投喂。水温 18 ℃～20 ℃，两天一次；水温 20 ℃～25 ℃，每天一次；水温 25 ℃以上，每天两次。鳖投饲时间为上午 9：00—10：00，下午 4：00—5：00。

5.1.2.4　饲料应投放在未被水淹没的饲料台上。

5.2　日常管理

5.2.1　巡塘

坚持早、中、晚巡池检查，检查防逃设施：检查鱼鳖吃食情况；观察鳖的活动情况，发现异常，及时处理；勤除杂草、敌害和污物；及时清除残饵，清扫饲料台；查看水色，量水温，闻有无异味；做好巡塘日志和生产记录。

5.2.2　调节水质

可采用以下措施调节水质：

a）根据池塘的水位、水质、鱼鳖的生长情况和季节、天气变化情况等，适时加注新水和换水，6—9 月生长旺季，每 10～15 天加水 1 次，提高池塘水位 10～20 cm，每月换水 1 次，换水量为池水总量的 1/3 左右。

b）在 6—9 月鱼鳖生长旺季，每隔 20 天投放 1 次生石灰，用量为每立方米水体 30 g 生石灰。

c）池塘水质较肥时，可每月泼洒1～2次EM菌制剂改良水质；池塘水质过肥和恶化时，使用硝化细菌改良水质；EM菌制剂与生石灰或漂白粉等消毒剂不能同时使用，间隔时间为10天左右。

5.3　捕捞

按照养殖生产和市场销售情况，池鱼实行轮捕轮放，采用诱捕网箱捕捞，不拉网捕捞。鳖的捕捞采取钓打捕捞，或者干塘捕捞。

6　病害防治

6.1　病害预防

6.1.1　鱼的病害预防

可采取以下方法预防鱼的病害：

a）搞好放养前的清塘消毒，具体方法按SC/T 1008的规定执行。

b）草鱼、青鱼种下塘前注射草鱼出血病疫苗，注射方法按SC 1003的规定。

c）水体消毒。池水交替用生石灰和漂白粉消毒。含有效氯30%的漂白粉用量为1 m^3 水体1.0～1.5 g。生石灰的使用按5.2.2的规定。

d）工具消毒。生产中所使用的工具、网具应定期消毒。方法是在太阳下暴晒，或用5%的漂白粉浸洗20 min，或用5%的食盐水浸洗30 min。

e）食台、饲料台与晒台消毒。每周1～2次用漂白粉或二氧化氯溶液泼洒饲料台与晒台，用硫酸铜、漂白粉或其他含氯消毒剂在食台和饲料台周围挂篓或挂袋，药物用量不超过全池遍洒的用量。

f）及时捞取病死鱼，进行无害化处理。

6.1.2 鳖的病害预防

可采取以下方法预防鳖的病害：

a）饲料消毒。对于鲜动、植物饲料（鳖的饲料），洗净后用高锰酸钾 20 mg/L 浸泡 15～20 min，或用食盐 5%浸泡 5～10 min，使用清水漂洗后投喂。

b）使用糖诱捕蚂蚁并焚烧。

c）使用药物等方法灭鼠。

d）及时捞取病死鳖，进行无害化处理。

6.2 疾病治疗

一旦发现病鳖，应及时捞出并隔离，用药物治疗。常见鱼病和鳖病的药物治疗方法分别按照 NY 5071 和 SC/T 1010 的规定执行。